U0305846

优秀技术工人
百工百法丛书

齐名
工作法

应用STC
单片机

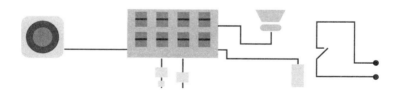

中华全国总工会 组织编写

齐 名 著

中国工人出版社

技术工人队伍是支撑中国制造、中国创造的重要力量。我国工人阶级和广大劳动群众要大力弘扬劳模精神、劳动精神、工匠精神，适应当今世界科技革命和产业变革的需要，勤学苦练、深入钻研，勇于创新、敢为人先，不断提高技术技能水平，为推动高质量发展、实施制造强国战略、全面建设社会主义现代化国家贡献智慧和力量。

——习近平致首届大国工匠
创新交流大会的贺信

优秀技术工人百工百法丛书

编委会

优秀技术工人百工百法丛书
能源化学地质卷
编委会

序

党的二十大擘画了全面建设社会主义现代化国家、全面推进中华民族伟大复兴的宏伟蓝图。要把宏伟蓝图变成美好现实，根本上要靠包括工人阶级在内的全体人民的劳动、创造、奉献，高质量发展更离不开一支高素质的技术工人队伍。

党中央高度重视弘扬工匠精神和培养大国工匠。习近平总书记专门致信祝贺首届大国工匠创新交流大会，特别强调"技术工人队伍是支撑中国制造、中国创造的重要力量"，要求工人阶级和广大劳动群众要"适应当今世界科技革命和产业变革的需要，勤学苦练、深入钻研，勇于创新、敢为人先，不断提高技术技能水平"。这些亲切关怀和殷殷厚望，激励鼓舞着亿万职工群众弘扬劳模精神、劳动精神、工匠精神，奋进新征程、建功新时代。

近年来，全国各级工会认真学习贯彻习近平总书记关于工人阶级和工会工作的重要论述，特别是关于产业工人队伍建设改革的重要指示和致首届大国工匠创新交流大会贺信的精神，进一步加大工匠技能人才的培养选树力度，叫响做实大国工匠品牌，不断提高广大职工的技术技能水平。以大国工匠为代表的一大批杰出技术工人，聚焦重大战略、重大工程、重大项目、重点产业，通过生产实践和技术创新活动，总结出先进的技能技法，产生了巨大的经济效益和社会效益。

深化群众性技术创新活动，开展先进操作

法总结、命名和推广，是《新时期产业工人队伍建设改革方案》的主要举措。为落实全国总工会党组书记处的指示和要求，中国工人出版社和各全国产业工会、地方工会合作，精心推出"优秀技术工人百工百法丛书"，在全国范围内总结100种以工匠命名的解决生产一线现场问题的先进工作法，同时运用现代信息技术手段，同步生产视频课程、线上题库、工匠专区、元宇宙工匠创新工作室等数字知识产品。这是尊重技术工人首创精神的重要体现，是工会提高职工技能素质和创新能力的有力做法，必将带动各级工会先进操作法总结、命名和推广工作形成热潮。

此次入选"优秀技术工人百工百法丛书"作者群体的工匠人才，都是全国各行各业的杰出技术工人代表。他们总结自己的技能、技法和创新方法，著书立说、宣传推广，能让更多人看到技术工人创造的经济社会价值，带动更多产业工人积极提高自身技术技能水平，更好地助力高质量发展。中小微企业对工匠人才的孵化培育能力要弱于大型企业，对技术技能的渴求更为迫切。优秀技术工人工作法的出版，以及相关数字衍生知识服务产品的推广，将对中小微企业的技术进步与快速发展起到推动作用。

当前，产业转型正日趋加快，广大职工对于技术技能水平提升的需求日益迫切。为职工群众创造更多学习最新技术技能的机会和条件，传播普及高效解决生产一线现场问题的工法、技法和创新方法，充分发挥工匠人才的"传帮带"作用，工会组织责无旁贷。希望各地工会能够总结命名推广更多大国工匠和优秀技术工人的先进工作法，培养更多适应经济结构优化和产业转型升级需求的高技能人才，为加快建设一支知识型、技术型、创新型劳动者大军发挥重要作用。

中华全国总工会兼职副主席、大国工匠

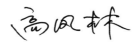

作者简介
About The Author

齐 名

　　1971年出生，华北制药金坦生物技术股份有限公司首席技师，正高级工程师，国家级技能大师，中国能源化学地质工会兼职副主席，河北省总工会兼职副主席，中共河北省委第九届、第十届候补委员，中共十九大、二十大代表。曾获"全国劳动模范""全国五一劳动奖章""全国最美职工""中华技能大奖""全国技术能手""全国优秀共产党员"等荣誉。国家级技能大师工作室和全国示范性劳模和工匠人才创新工作室带头人。

通过不断钻研学习，他从一名维修电工成长为将电气维修、机械、仪表、计算机、自动控制融会贯通的知识型、技能型、创新型工匠人才、技能大师，解决了许多进口设备维修"卡脖子"难题。

作为大国工匠、高技能人才，他积极投身职业教育实践，用自身的成长历程激励、带动更多青年人勇走技能成才、技能报国之路，被多所院校聘为客座教授。积极响应号召，在"技能强国—全国产业工人学习社区"与全国广大职工分享技能和经验。

聪明在于学习 天才出于勤奋

齐名

目　　录
Contents

引 言
Introduction

　　创新是引领发展的第一动力，创新无止境，永远在路上。

　　51 系列的单片机已经存在 40 多年，依然没有被淘汰，还在不断地发展中。我入门学习的时候用的是 Atmel AT89S51，第一个作品"干燥塔控制器"就是基于 AT89S52，采用汇编语言编写程序，这种单片机需要购买专门的烧写器下载程序。后来偶然的机会我认识了 STC 单片机，对单片机的学习理解有了进一步提升。单片机应用技术是维修人员在解决实际工作中遇到难题时的一种有效技能。

　　STC 单片机从 2006 年开始就是中国 MCU 市场的主要供应商，接过了 Intel/Philips/Atmel 的大旗，是国产 MCU 的领航者，参考资料和使用人群庞大，同时采用 ARM 中国 STAR-MC1 核的 MCU 也即将量产。其实我们在实践中应用单片机解决的生产问题往往相对简单，使用 STC51 就足够了，这也是 8 位机存在了 40 多年的原因。

　　设备电机轴承缺油导致过热损坏是维修人员处理最多的故障之一，为了及时发现轴承缺油，我学习完单片机就设计制作了轴承温度监测记录报警装置，和机修组配合设计制作了 15L 玻璃瓶自动清洗、西林瓶轧盖无塞检测、药盒缺药称量剔除等近百项创新发明装置。创新的根本就是知识的积累，积累知识和技能就是让学知识、练技能融入日常，化作经常。

本书主要以项目示例的形式阐述单片机系统搭建、程序编写下载，详细讲解电机轴承温度监测、西林瓶轧盖无塞检测装置的制作过程，列出参考程序供大家参考。

我学习单片机时的参考书是以单片机的结构为主线，先讲单片机的硬件结构，然后是指令，接着是软件编程、单片机系统的扩展和各种外围器件的应用，最后讲一些示例。这让我这个从未接触过计算机结构的人很难理解单片机内部结构、总线、地址等概念。好多人直到学完单片机还不能理解寻址方式究竟是什么意思，不知道为什么需要那么多寻址方式和111条汇编指令。

在本书中，我以点亮一个LED的程序讲解工程创建、程序架构、代码编写和编译、硬件实验平台焊接搭建、程序下载过程，然后介绍针对单片机的 C 语言，分享电机前后轴承温度监测及西林瓶轧盖无塞检测系统的设计制作。

第一讲

认识单片机

这一讲的目标是认识单片机，亲自动手搭建硬件实验平台，编写程序实现点亮 LED，对单片机有整体认识。

一、什么是单片机

单片机首先是一片集成电路，它不仅仅是完成某一个逻辑功能的芯片，而是把一个计算机系统集成到一个芯片上，相当于一个微型的计算机。初学者往往对它复杂的内部结构望而生畏，本书不谈内部结构，只将它作为一个芯片使用，关注它的引脚功能和程序编写。

图 1-1 中单片机的引脚标注了多种功能，为了让初学者不受干扰，本书简化了电路，都将其作为 I/O 使用。

二、搭建实验平台所需的硬件

网上搜索到的单片机相关信息，都推荐购买

成品实验开发板。抛开费用不说，这些实验开发板往往是为了展示其可以适应多种实验需要，设计得比较复杂。而对于初学者，越简单越容易上手。因此我们的点亮 LED 单片机系统用洞洞板自己焊接，只需要 4 个元件及杜邦线排针（图 1-2 至图 1-5 ）。

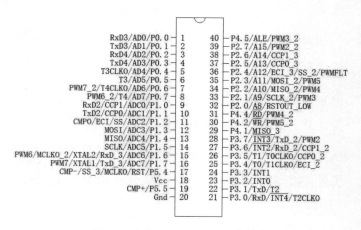

图 1-1　IAP15W4K32S4 引脚图

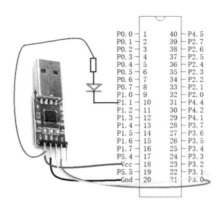

图 1-2　编图题

图 1-3　所需元件

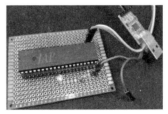

图 1-4　焊接完成的板子正面

图 1-5　焊接完成的板子背面

USB 转 TTL 下载模块包含一个 10kΩ 限流电阻和一个 LED，单片机成本不到 20 元。如果没有洞洞板，可以直接用导线焊接。

三、分析点亮发光过程

LED 被点亮肯定需要施加合适的电压，并限制通过的电流在 10mA 以内，我们做的就是让 10 脚按要求变为 0V。芯片公司制作好芯片后，划分了 6 组 I/O 口，分别是 P0~P5 口，每组为 8 个管脚（编号为 0~7）。STC 单片机除了电源都可以作为 I/O 使用，实验芯片引出了 38 个 I/O 管脚。

每组 I/O 口都有固定的内存地址，比如 P0 口的地址是 0x80，P1 口的地址是 0x90，P2 口的地址是 0xA0，P1.0 是 P1 口的第 0 位，P1.1 是 P1 口的第 1 位，P1.7 是 P1 口的第 7 位。Keil C 使用关键字 sfr 指定特殊寄存器地址，用关键字 sbit 指定位地址，比如 sfr P1 =0x90; 定义 P1 口，sbit LED = P1^1; 为发光管起个名字叫 LED，指定管脚地址，这样点亮 LED 只需要写一句 LED=0; 就可以了。

四、工程创建步骤

（1）创建一个文件夹存放这个工程的全部文件，比如创建"最小系统点亮一个 LED"。

（2）双击 图标即可进入 Keil uVision5。它和 office 差不多，没有创建工程之前是空的。

（3）选择 Project->New uVision Project... 新建一个工程。

（4）点击后出现 Create New Project 对话框界

面，选择刚才创建的文件夹，输入一个工程名字 ONE_LED_ON，会自动添加工程后缀名 .uvproj，点击保存完成工程创建。

（5）出现 Select a CPU Data Base File（选择单片机的型号）对话框界面，在下拉框中，选择 STC MCU Database 选项。

这里需要注意，安装 Keil uVision5 后，是不包含 STC 系列单片机的，需要按照如下步骤添加。

①从 STC 官网下载烧写软件，解压后包含软件、常用驱动文件和使用说明。

②双击 stc-isp-v6.90i.exe 打开图 1-6 对话框，选择仿真设置，添加型号和头文件到 Keil 中。

③点击添加型号和头文件到 Keil 中，弹出目录选择对话框，找到 Keil 的安装目录，选择 C51，正常添加后弹出"添加成功"对话框，做完添加操作就会出现程序 STC 型号选择选项。

图 1-6　Keil 安装目录选择对话框

（6）先选 STC MCU Database 大类，再输入单片机型号 15w 搜索，会快速定位到 STC15w4k32s4，点击确认。

（7）对话框界面提示是不是在当前设计工程中添加 STARTUP.A51 文件，单击"否（N）"按钮。

（8）创建成功后进入编程环境，这时是一个空的工程。

（9）至此只是有了工程框架，要想编写程序还需要添加编写程序的 .C 文件，在 Source Group

1 中右键单击。

（10）弹出对话框，选 .C 文件，输入文件名 Main.c，选择 add 添加文件。

（11）工程目录图中出现 Main.c 就说明成功添加了程序文件。

五、程序编写

（1）双击项目树的 Main.c 打开，开始编写程序。C 语言的英文注释状态下两个反斜线 // 表示行注释，注释的颜色是绿色，// 只管一行。注释的另外一种形式是 /* 开始直到 */ 结束，不管有几行都被认为是注释。

C 语言的程序入口是 main 函数，也就是 C 语言必须有且只有一个 main 函数。

（2）将前面功能分析写入 Keil 编译器，就构成了点亮 LED 的所有程序。

```
sfr P1 = 0x90;
sbit LED = P1^1;
void  main ()
  {
    LED=0;
    while(1);
  }
```

程序中 sfr 和 sbit 是 Keil C 语言特有的，sfr 指定特殊寄存器地址，sbit 指定位地址，void 和 while 的颜色是蓝色，表明其是系统中的关键字。main 虽然颜色不变，但也是关键字，是整个程序的入口，必须有。

（3）编译保存程序生成 .hex 烧写文件。程序文件编写完成后，按下按钮 ![按钮图标] 或者直接按功能键 F7 进行编译。结果显示 0 错误 0 警告。

Build Output
```
Rebuild target 'Target 1'
compiling Main.c...
linking...
Program Size: data=9.0 xdata=0 code=19
".\Objects\ONE_LED_ON" - 0 Error(s), 0 Warning(s).
Build Time Elapsed:  00:00:00
```

如果是第一次创建的工程，默认是不生成 .hex 文件的。需要点击魔术棒图标 ![魔术棒图标] 进入设置对话框，勾选 Create HEX File 选项，点击 OK。

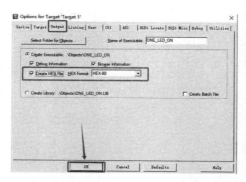

（4）再次编译，可见已经创建的用于下载至单片机的 .hex 文件。

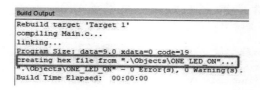

六、将 .hex 烧写文件下载至单片机

（1）双击 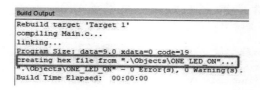 打开在 STC 官网下载的烧写软

件，找到并选择单片机的芯片型号。

（2）将 USB 转 TTL 模块插入电脑的 USB 接口，安装驱动程序，在串口中会出现 Silicon Labs CP210x USB to UART Bridge（COM3），在设备管理器端口也可以看到。

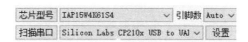

（3）选择串口，选择在设备管理器存在的 COM3。

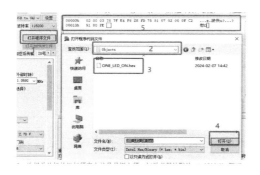

（4）单击打开程序文件，弹出选择要写入

的 .hex 文件，选择完成后单击打开，完成 .hex 文件加载。加载后的文件数据会显示在窗口。

（5）选择单片机的运行频率也就是晶振主频，初学者保持默认的 11.0592MHz 即可。

（6）将单片机的常用引脚 GND 连接模块的 GND，模块的 TXD 连接单片机的 P3.0，RXD 连接单片机的 P3.1。点击下载后模块的 TXD 点亮，代表不断发送数据。

（7）将连接单片机和模块 +5V 的杜邦线插入单片机的 5V 电源引脚，给单片机通电，成功后将 .hex 文件传输到单片机。

（8）下载操作步骤图，完成后 LED 被点亮了。

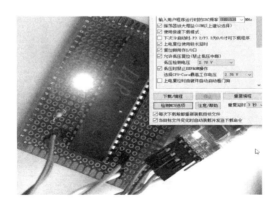

图 1-7　被点亮的 LED

第二讲

掌握 C 语言

这一讲重点介绍 Keil C 语言的知识。由于单片机没有显示器，在下面的相关实验中使用 printf 和 scanf 输出和接收数据，由串口助手呈现数据输入和输出结果。

一、变量

变量是能存储计算结果或能表示值的抽象概念。每个变量都有特定的类型，表 1 是常见的数据类型。

表 1　常见的数据类型

数据类型	符号	说明	字节数	表示形式	数值范围
位型	无	/	1/8	bit、sbit	0 或 1
字符型	有	/	1	char	−128~+127
	无	/	1	unsigned char	0~255
整数型	有	整型	2	int	−32768~+32767
		长整型	4	long	−2147483648~+2147483647
	无	整型	2	unsigned int	0~65535
		长整型	4	unsigned long	0~4294967295
实型	有	有效值 24 位	4	float	-3.4×10^{38}~3.4×10^{38}

布尔（位）类型只有 1 个位，字符（字节）类型有 8 个位，整型（2 个字节）有 16 个位，实数（4 个字节）有 32 个位。除了布尔类型，其他类型分为有符号和无符号，有符号类型的最高位是符号位，1 代表负数，0 代表正数。

二、静态变量和外部变量

static 修饰变量后被称为静态变量，函数中的变量不随着调用的结束而销毁，比如我们在串口中断服务程序中定义了 static int count=0;，用于保存接收的程序下载前导字节 0xF8。如果是普通变量，中断返回后就消失了，我们希望其不消失，每次产生中断时都进行累加，直到大于设定值 40，让单片机重启，进入程序下载，实现不断电下载程序。

extern 表明变量或者函数是定义在其他 .C 文件中的。

```
/* ----YSextern. c---- */        /* ----YSextern. h---- */
int year=23, month=3, day=5;     #ifndef __YSextern_H__
int add_ab(int a, int b){        #define __YSextern_H__
  return a+b;                       extern int year, month, day;
}                                   extern  int add_ab(int a, int b);
                                  #endif
```

　　YSextern.c 中定义了变量 year、month、day 并赋初值，函数 int add_ab(int a,int b){ return a+b; }。在 YSextern.h 中必须使用 extern 修饰声明变量 year、month、day 和函数 add_ab，才不会报重复定义错误。当 main 函数包含 YSextern.h，就可以访问变量和函数了。

```
#include "YSextern. h"
void  main (){
UartInit(); delay_ms(1500); EA=0; TI=1;
printf("YSextern. c year=%d month=%d day=%d \n", year, month, day);
printf("add_ab(4+8)=%d \n", add_ab(4, 8));
```

　　下面是串口接收的信息：

```
YSextern. c year=23 month=3 day=5
add_ab(4+8)=12
```

三、常量

　　常量是固定值，在程序执行期间不会改

变。常量有整数常量、浮点常量、字符常量、字符串常量等。整数常量如 127、258；浮点常量如 3.1415926；字符常量如 A、B、e；字符串常量如 ABC123。

可以使用宏定义将不容易记忆的数据替换为方便理解的名称。例如常量定义声明：

#define　PI 3.1415926　　#define　Mon　1

后面的程序会用 PI 替代 3.1415926，const int N=200 使用 const 关键字修饰之后 N 变为常量。

四、运算符

运算符分为六类：算术运算符、逻辑运算符、关系运算符、字节逻辑运算符和移位运算符、赋值运算符和其他运算符。

1. 算术运算符

算术运算符见表 2。

表 2　算术运算符

算术运算符	描述
+	2 个操作数相加
-	从第一个操作数中减去第二个操作数
*	2 个操作数相乘
/	分子除以分母（分为整数除法与浮点除法）
%	取模运算符，整除后的余数（常与整数除法联用）
++	自增运算符，整数值增加 1
--	自减运算符，整数值减少 1

举例，分离整数 1234 的个、十、百、千位，向数码管送出显示或从串口输出。

```
char a,b,c,d;   int   m=1234;
a=m%10000/1000+'0';
b=m%1000/100+'0';
c=m%100/10+'0';
d=m%10+'0';
EA=0; TI=1;
printf ("千位%c 百位%c 十位%c 个位%c \n",a,b,c,d);
```

这个例子就是把整数 1234 的个、十、百、千位分离出来，加上"0"，变成 ASCII 字符输出到串口助手。

2. 逻辑运算符

逻辑运算符见表 3。

表 3 逻辑运算符

逻辑运算符	描述	示例
&&	逻辑与运算符。如果 2 个操作数都非 0，则条件为真	(A && B) 为假
||	逻辑或运算符。如果 2 个操作数中有任意一个非 0，则条件为真	(A || B) 为真
!	逻辑非运算符。逆转操作数的逻辑状态，如果条件为真，则逻辑非运算符将使其为假	!(A && B) 为真

3. 关系运算符

关系运算符见表 4 。

表 4 关系运算符

关系运算符	描述	示例
==	检查 2 个操作数的值是否相等，如果相等则条件为真	(A == B) 为假
!=	检查 2 个操作数的值是否相等，如果不相等则条件为真	(A != B) 为真
>	检查左操作数的值是否大于右操作数的值，如果是则条件为真	(A > B) 为假
<	检查左操作数的值是否小于右操作数的值，如果是则条件为真	(A < B) 为真
>=	检查左操作数的值是否大于或等于右操作数的值，如果是则条件为真	(A >= B) 为假
<=	检查左操作数的值是否小于或等于右操作数的值，如果是则条件为真	(A <= B) 为真

4. 字节逻辑运算符和移位运算符

这类运算常用于获取变量中某个数据位的状态值，或者将某个位清零、置位。

5. 赋值运算符

赋值运算符见表 5 。

表 5　赋值运算符

赋值运算符	描述	示例
=	简单的赋值运算符，把右边操作数的值赋值给左边操作数	C = A + B 将把 A + B 的值赋给 C
+=	加且赋值运算符，把右边操作数加上左边操作数的结果赋值给左边操作数	C += A 相当于 C = C + A
-=	减且赋值运算符，把左边操作数减去右边操作数的结果赋值给左边操作数	C -= A 相当于 C = C - A
*=	乘且赋值运算符，把右边操作数乘以左边操作数的结果赋值给左边操作数	C *= A 相当于 C = C * A
/=	除且赋值运算符，把左边操作数除以右边操作数的结果赋值给左边操作数	C /= A 相当于 C = C / A
%=	求模且赋值运算符，求两个操作数的模赋值给左边操作数	C %= A 相当于 C = C % A
<<=	左移且赋值运算符	C <<= 2 等同于 C = C << 2
>>=	右移且赋值运算符	C >>= 2 等同于 C = C >> 2
&=	按位与且赋值运算符	C &= 2 等同于 C = C & 2
^=	按位异或且赋值运算符	C ^= 2 等同于 C = C ^ 2
|=	按位或且赋值运算符	C |= 2 等同于 C = C | 2

6. 其他运算符

表 6 中按运算符优先级从高到低列出各个运算符，小括号优先级最高。

表6 其他运算符

类别	运算符	结合性
改变优先级	( ) [ ] -> . ++ --	从左到右
一元	+ - ! ~ ++ -- - (type)* & sizeof	从右到左
乘除	* / %	从左到右
加减	+ -	从左到右
移位	<< >>	从左到右
关系	< <= > >=	从左到右
相等	== !=	从左到右
位与 AND	&	从左到右
位异或 XOR	^	从左到右
位或 OR	|	从左到右
逻辑与 AND	&&	从左到右
逻辑或 OR	||	从左到右
条件	?:	从右到左
赋值	= += -= *= /= %=>>= <<= &= ^= |=	从右到左
逗号	,	从左到右

五、程序分支结构

像记流水账一样的程序是顺序结构，跳过某些程序，语句是选择结构，分为 if else 和 switch。

1. if 选择结构

if 语句形式①

if（判断表达式）语句

if(P32 == 0) beep=0;// 按键按下，蜂鸣器鸣叫不会停止

if 语句形式②

if（判断表达式）语句 1，else 语句 2

if(P32 == 0) beep=0;// 按键按下，蜂鸣器鸣叫不会停止

else beep=1;// 否则蜂鸣器置位，停止鸣叫

if 语句形式③

if（表达式 1）　语句 1

else if(表达式 2) 语句 2

else if(表达式 3) 语句 3

……

else if(表达式 n) 语句 n

else 语句 n+1

2. switch 选择结构

相比 if 语句，switch 语句常常用来实现多分支选择结构。因为多层 if 语句的可读性通常没有 switch 结构好。

执行 switch 结构时，先计算 switch 后面表达式的值，然后将它逐个与 case 语句中的常量进行

比对。如果与某一个 case 语句中的常量相同，流程就转到此分支，执行此 case 后面的语句，执行完后由 break 语句跳出 switch 结构。如果没有 break 语句，就不能跳出结束 switch 语句，无法完成唯一选择。如果没有与表达式相匹配的 case 常量，则该流程进入 default 分支，执行 default 标号后面的语句 n+1。如果没有 default 标签，且没有与 switch 表达式相匹配的 case 常量，则不执行任何语句，执行 switch 结构后的语句。

switch（表达式）

{

case 常量 1：语句 1; break;

case 常量 2：语句 2; break;

case 常量 3：语句 3; break;

……

case 常量 n：语句 n; break;

default：语句 n+1

3. 选择结构三目运算

C 语言唯一的一个三目运算符为：

表达式 1? 表达式 2：表达式 3

首先计算表达式 1 的值是否为真，如果为真（非 0），那么求解表达式 2，并且把表达式 2 的值作为整个条件表达式的值；如果为假（0），那么求解表达式 3，并且把表达式 3 的值作为整个条件表达式的值。

六、程序循环结构

1. while 循环

我们接触的 main 函数 while 循环有：

（1）主循环。

（2）循环结构 do...while 循环，不管判断表达式是否成立，先执行一次指定的循环体语句，然后进行判断。

2. for 循环

表达式①：设置初始条件，只执行一次，可以为 0、1 或多个变量设置初始值。

表达式②：循环条件表达式，根据表达式的真假来决定是否继续执行循环。

表达式③：作为循环的调整，如使循环变量增加，是执行完循环体后才进行的。

3. break/continue 语句

break 的意思是结束循环，continue 的意思是跳过它后面的语句重新开始下次循环。

七、函数

函数可以理解为可以重复使用的代码段，函数的使用让程序更加模块化。函数的定义（Definitions）一般形式为：

```
return_type function name(parameter )
  {
    function body;
  }
```

即返回值类型（return_type），函数名（function name），形式参数表（parameter），函数主体（function body）。函数主体即函数的内部逻辑代码。

下面示例中 int max（int a,b）的功能是返回最大值，注意要在 main 函数前面声明自定义函数。如果在 main 函数后面声明自定义函数，要把函数原型放在 main 函数前面，否则会报错。（int a,b）中 a、b 被称为形参。main() 中调用时 m=max(h,k); 包含了实际数据 789 和 456，h、k 被称为实参。实参和形参在数量上、类型上、顺序上必须严格一致。

```
int  max(int a,b){
  if(a>b) return a;
    else return b;
}
void  main (){
  int m, h=789, k=456;
  UartInit();
  delay_ms(1500);
  EA=0; TI=1;
  m=max(h,k);
  printf("The max num is %d\n", m);
  TI=0;EA=1;
  while(1){



  }
}
```

```
The max num is 789
```

```
int  max(int a,b);

void  main (){
  int m, h=789, k=456;
  UartInit();
  delay_ms(1500);
  EA=0; TI=1;
  m=max(h,k);
  printf("The max num is %d\n", m);
  TI=0;EA=1;
  while(1){


  }
}
int  max(int a,b){
  if(a>b) return a;
    else return b;
}
```

函数的参数传递是单向传递，比如下面的主程序调用 add（y），add 函数里无论对变量 a 做什么操作，都不会影响 main 函数里的变量 y。具体返回什么值由关键字 return 后面跟的数据确定。

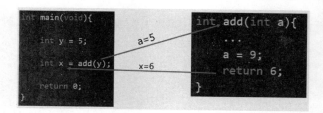

八、数组

数组是相同类型元素的集合，利用元素的索引（下标）可以访问元素。

1. 数组的定义

类型说明符 数组名[常量表达式]	int stu[50] 一维数组定义

| stu[0] | stu[1] | stu[2] | stu[3] | stu[4] | …… | stu[46] | stu[47] | stu[48] | stu[49] |

类型说明符 数组名[常量表达式][常量表达式]	int mat[5][3] 二维数组定义

以上定义了 int 型长度为 50 的一维数组。数组的下标从 0 开始，下标范围是 0~49。stu[50] 不是这个数组的元素。二维数组定义中第一维代表第几行，第二维代表第几列。以上定义了 5 行 3 列的二维数组。

2. 数组的赋值和初始化

一维数组赋值初始化，对所有元素赋值，例如 int a[5]={0,1,2,3,4}；是对部分元素赋值，例如 int a[5]={0,1}；，此时剩余的元素会被自动赋值 0，利用这个特性可以进行初始化。

　　不指定数组长度，例如 int a[]={0,1,2,3,4}; ，如果数组长度与提供初值的个数不相同，则方括号中的数组长度不能省略。

　　二维数组的初始化为：

　　①分行给二维数组赋初值。

　　　　int mat[3][4]={{1,2,3,4},{5,6,7,8},{9,10,11,12}};

　　②将所有数据写在一个花括号内，按数组元素在内存中的排列顺序对各元素赋初值。

　　　　int mat[3][4]={1,2,3,4,5,6,7,8,9,10,11,12};

　　③对部分元素赋初值。

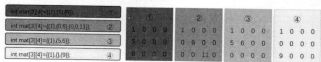

　　④如果对全部元素都赋初值（提供全部初始数据），定义数组时对第一维的长度可以不指定，但对第二维的长度指定不能省略。

　　　　int mat[3][4]={1,2,3,4,5,6,7,8,9,10,11,12}; 　≡　 int mat[][4]={1,2,3,4,5,6,7,8,9,10,11,12};

　　在定义时也可以只对部分元素赋初值而省略

第一维的长度，但应分行赋初值。

```
int mat[][4]={{0,0,3},{},{0,10}};
```

九、指针

内存可以理解为线性的字节数组。每一个字节由8位二进制位组成。每一个字节都有唯一的编号，编号从0开始，直到最后一个字节。变量定义完成后就确定了地址编号，变量名相当于编号的助记符，编号就是这个数据的地址。指针就是这样形成的。在C语言中，可使用 & 访问变量的地址，* 用于定义指针变量和访问地址中存放的内容。

```
void  main (){
  int h=789,h1=789,h2=789, k=456;
  int *pp=&k;
  UartInit();
  delay_ms(1500);
  EA=0; TI=1;
  printf("h变量的值%d  h变量的地址：%p\n",h,pp);
  TI=0;EA=1;
  while(1){
  }
}
```

h 变量的值 789

k 变量的地址 x：0006

上面定义了 int 型普通变量 k，int 型指针变量 pp，同时用 & 获取 k 的地址赋值给 pp，这里注意 printf 输出格式符 int 型用 %d 地址指针，用 %p 从串口助手接收信息，可以看到变量 k 的地址是在 xdata 区域的 0006。

STC 单片机内有 4096 字节的 SRAM，包括常规的 256 字节 RAM 和内部扩展的 3840 字节 XRAM <xdata>。

十、结构体

结构体是一种自定义的数据类型，由 int、char、float 等基本类型组成。我们还需要一组类型不同的数据来描述同一个事物的变量并放到结构体中，例如描述冷库的名称、编号、库存、温度、湿度、运行状态等。下面是结构体应用程序：

```
struct lkstu ──── 结构体名
{
    char *name;   //冷库名称
    int lknum;    //冷库编号
    unsigned int stock;   //库存      ┐声明列表
    float TEMP;   //冷库温度
    float HUMI;   //冷库湿度
    char condition;   //机器运行状态
} stu_lk1; ──── 结构体变量
```

```
void  main (){
    UartInit();
    delay_ms(2000);
    stu_lk1.name="乙肝疫苗产品库",stu_lk1.name="乙肝疫苗产品库",
    stu_lk1.lknum=1,stu_lk1.HUMI=58.9,
    stu_lk1.TEMP=4.3,stu_lk1.stock=4873,
    stu_lk1.condition=0;
    EA=0; TI=1;
    printf("冷库名称:%s 冷库号码:%d   库存 %d箱 冷库温度:\
    %.1f℃ 冷库湿度:%.1f%% 冷库运行状态:%d\n",\
    stu_lk1 .name, stu_lk1 .lknum,stu_lk1 .stock,stu_lk1 .TEMP\
    ,stu_lk1 .HUMI,stu_lk1 .condition);
    TI=0;EA=1;
```

```
冷库名称:乙肝疫苗产品库
冷库号码:1   库存 4873箱
冷库温度:4.3℃
冷库湿度:58.9%
冷库运行状态:0
```

十一、共用体

除了结构体，还有另外一种类似的语法，叫作共用体或联合体，声明结构体类似，关键字是

union。

```
typedef union  {
    unsigned char ch[4];
    float f;  //冷库温度
} union_data;

void  main (){  //主函数
    union_data und;

    UartInit();
    delay_ms(2000);
    und.f=123.586;
    printf("%C%C%C%C",und.ch[0],und.ch[1],und.ch[2],und.ch[3]);
```

这里声明了一个新的数据类型共用体 union_data，包含一个实数 f 和 字符数组 ch[4]，之后就可以使用 union_data 像声明 int 一样声明一个共用体变量了，如 union_data und。当修改了 und.f = 123.586 后，由于共用一块内存区域，因此字符数组就是实数 und.f 的字节数据。通过串口助手接收，可以看到字节数据是 42 F7 2C 08。利用共用体这个特点，常用于组合数据和分离数据，这样让浮点数通信更简化。

十二、枚举类型

枚举类型是一个用标识符表示的整型枚举常量的集合。枚举常量是要占用内存的，它要在内存中开辟一个空间来存放枚举变量。其常量值在没有赋值时，系统会默认给它的第一个变量赋值 0，后面的依次为 1、2……使用枚举类型的最大好处是使程序可读性增强。和枚举类型类似的还有宏定义，二者的区别如下。

（1）枚举常量需要占用内存，而宏定义不需要占用内存。

（2）枚举常量的作用域仅限于枚举常量所在的区域，而宏定义的默认作用域为整个文件。

（3）枚举常量的设计目的是实现限制输入，而宏定义的设计目的是完成代码缩减或者提高程序的可维护性能。

（4）枚举常量是实体，而宏定义不是实体。

（5）枚举常量属于常量，而宏定义不是常量。

（6）枚举常量具有类型，而宏定义没有类型。

枚举常量应用于 switch case 当中。

```
enum week{ Sun = 1,Mon, Tues, Wed,Thurs, Fri, Sat  } day;
void  main (){       //主函数
 UartInit();
 delay_ms(2000);
  EA=0;TI=1;
 {
    switch(day){
    case Mon:    puts("Monday"); break;
    case Tues:   puts("Tuesday"); break;
    case Wed:    puts("Wednesday"); break;
    case Thurs:  puts("Thursday"); break;
    case Fri:    puts("Friday"); break;
    case Sat:    puts("Saturday"); break;
    case Sun:    puts("Sunday"); break;
    default:     puts("Error!");}
```

十三、预处理命令

#include 叫作文件包含命令，用来引入对应的头文件（.h 文件），是预处理命令的一种。

#include < stdio.h>

#include "STC15.H"

使用尖括号 < >，编译器只在系统路径下查找头文件。使用双引号 ""，编译器先在当前目录下查找头文件，如果没有找到再到系统路径下查找。也就是说，使用双引号比使用尖括号多了一个查找路径，功能更为强大。

#define 叫作宏定义命令，#define 宏名 字符串。所有的预处理命令都以 # 开头。宏名是标识符的一种，命名规则和变量相同。字符串可以是数字、表达式、if 语句、函数等。代码中出现了该标识符，就替换成指定的字符串。在下面的例子中常量 PI 计算面积时被替换为 3.1415926。

#include <stdio.h>

#define PI 3.1415926

void main(){

float S, r = 30.5;

S=PI*r*r;}// 计算面积 S 的时候，PI 被 3.1415926 替代了

程序中反复使用的表达式就可以使用宏定义：#define M (n*n+3*n)。它的作用是指定标识符

M 来表示 (n*n+3*n)。

```
#define M (n*n+3*n)
int main(){
int sum, n;
printf("Input a number: ");
scanf("%d", &n);
sum = 3*M+4*M+5*M;
```

预处理程序将它展开为下面的语句：

```
sum=3*(n*n+3*n)+4*(n*n+3*n)+5*(n*n+3*n);
```

宏定义不是说明或语句，在行末不必加分号，如加上分号则连分号也一起替换。

宏定义必须写在函数之外，其作用域为宏定义命令起到源程序结束。如要终止其作用域，可使用 #undef 命令。例如，在上面的例子加上 #undef PI。

```
#define PI 3.1415926
void main(){
```

```
    }
#undef PI
void func(){
    }
```

表示 PI 只在 main() 函数中有效，在 func() 中无效。

习惯上宏名用大写字母表示，便于与变量区别，但也允许用小写字母。可用宏定义替换数据类型，便于书写，例如：

```
#define UINT unsigned int
#define u8 unsigned char
```

在程序中可用 UINT 作变量说明：

UINT a, b; u8 i, j;

宏定义只是简单的字符串替换，由预处理器来处理。typedef 不是简单的字符串替换，而是作为一种新的数据类型。

允许宏带有参数。在宏定义中参数被称为

"形参"，宏调用中参数为"实参"，和函数类似。带参数的宏，在展开过程中不仅要进行字符串替换，还要用实参去替换形参。

```
#define MAX(a,b) (a>b) ? a : b
void main(){
int x =10, y=20, max;
max = MAX(x, y);
```

实参 x、y 将用来代替形参 a、b。宏展开后该语句为：

```
max=(x>y) ? x : y;  max=(10>20) ? 10 : 20;
```

结果：max=20

在实参宏定义中，不会为形参分配内存，因此不必指明数据类型。在宏调用中，因实参包含了具体的数据，要用它们替换形参，因此实参必须指明数据类型，这一点和函数是不同的。在函数中，形参和实参是两个不同的变量，都有自己的作用域，调用时要把实参的值传递给形参。而在带参数的宏中，只是符号的替换，不存在值传递的问题。

　　#if 整型常量表达式①

　　程序段 1

　　#elif 整型常量表达式②

　　程序段 2

　　#elif 整型常量表达式③

　　程序段 3

　　#else

　　程序段 4

　　#endif

　　#if 命令要求判断条件为"整型常量表达式"，也就是说，表达式中不能包含变量，而且结果必须是整数。

　　如果"表达式①"的值为真（非 0），就对"程序段 1"进行编译，否则就计算"表达式②"，结果为真的话就对"程序段 2"进行编译，为假的话就继续往下匹配，直到遇到值为真的表达式，或者遇到 #else。这一点和 if else 非常类似。

　　#ifdef 和 #ifndef 后面跟的只能是一个宏名

　　#if 后面跟的是"整型常量表达式"

　　#　　　　空指令，无任何效果

　　##　　　　宏中的字符（串）连接符

　　#define Bin(n) LongToBin(0x##n##L)

　　#include　包含一个源代码文件

　　#define　　定义宏

　　#undef　　取消已定义的宏

　　#if　　　　如果给定条件为真，则编译下面代码

　　#ifdef　　如果宏已经定义，则编译下面代码（#if defined 的缩写）

　　#ifndef　　如果宏没有定义，则编译下面代码

　　#elif　　　如果前面的 #if 给定条件不为真，相当于 else if，当前条件为真，则编译下面代码

　　#endif　　#if　#elif 对应的结束标志

头文件的结构格式一般是这样：

#ifndef __STDIO_H__

#define __STDIO_H__

```
#define NUM1 10
#define NUM2 34
void  main (){ //主函数
  int num1,num2;
  UartInit();
  delay_ms(1500);
  num1=NUM1,num2=NUM2;
  EA=0; TI=1;
    #if (defined NUM1 && defined NUM2)
    printf("NUM1: %d, NUM2: %d\n", num1, num2);
    #else
     printf("Error\n");
    #endif
  TI=0;EA=1;

#if (0)
 code char DIP40LEDHEAD[]={0x4C,0x45,0x44,0x28,0X03,0X03};
void  main (){ //主函数
  char i,a,PP00=0;
  UartInit();
  delay_ms(1500);
  EA=0; TI=1;
  printf("C 语言入门学习");
  TI=0;EA=1;
while(1){
  PP00=~(1<<i);
  EA=0; TI=1;//必须先清楚能总中断，再让TI=1,否则程序会跑飞，这非常关键
  for(a=0;a<6;a++){
    printf("%c",DIP40LEDHEAD[a]);
  }
  printf("%c%c",PP00,PP00);
  TI=0; EA=1; //先要清除发送完成标志，TI=0, 再使能总中断。
    i++;  if(i>7)i=0;

  delay_ms(3500);
  }
}
#endif
```

中间是函数原型的声明也可以有：

#ifndef NULL

#define NULL ((void *) 0)

#endif

#ifndef　#endif 最近的结合为一对

#endif

下面是作者创建的 max7219.h，供大家参考。

```
#ifndef __max7219_H__
#define __max7219_H__
  #include "STC15Fxxxx.H"
  sbit  DIN = P0^5;
  sbit LOAD = P2^4;
  sbit  CLK = P2^5;
  /* 初始化MAX7219函数 */
  void MAX7219_init();
  void displaytemp(int v);
  void display_up7219(unsigned  int v);
  void disjishi_down7219(unsigned  int v);
  void display_down7219(int v);
  void display_upASIC(u8 *ASIC);
  void display_upASIC(u8 daima);
  void xsdb_down(u8 min);
  void disjishi_downMIE();
  void disjishi_downshijian7219(u8 hour,min,sec);
  void display_upriqi(u8 mon,day);
#endif
```

第三讲

应用单片机监测电机前后轴承

一、现状分析

　　设备电机轴承缺油将导致轴承温度升高，如果不能及时发现就会造成抱死，损坏设备。由于电机隐藏在机箱内（图 3-1），值班人员巡检空调机组时，只能凭经验听声音判断，往往听到声音异常的时候，电机已经严重缺油了。

图 3-1　空调机组电机隐藏在机箱内

二、成品介绍

　　为了辅助值班人员提升巡检效率，作者用单片机设计制作了一个电机前后轴承温度监测报警装置，通过无线传输至值班室电脑，安装组态王，显示温度值并记录，超限时产生报警（图3-2 和图 3-3 ）。

图 3-2　安装轴承温度显示报警装置的空调机组

巡检人员不必靠得很近就能清晰看到电机前后轴承温度，当超过设定值时，显示从 8×8 点阵为 16×16 点阵，字号放大并以中文显示前轴承或后轴承温度高，间歇用语音发出报警。

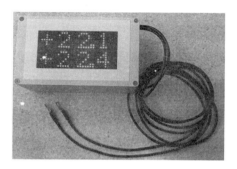

图 3-3 温度监测装置

三、制作过程

1. 焊接线路板元件

首先焊阻容等贴片小元件，单片机和下载接口连接后及时通电下载测试，就像编程序要写一行编译一次，及时查错改错，硬件也一样。用到了 2 块 PCB、一块单片机、一块只有点阵的扩展模块（图 3-4 至图 3-6）。

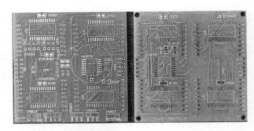

图 3-4　PCB 芯片侧

图 3-5　LED 侧

图 3-6　焊接 CPU 后的实物图

（1）下载自动下载程序，测试焊接效果

第一次需要先点击下载，再将下载接头插上，如果提示下载成功说明单片机焊接良好。因为其他元件尤其是 LED 点阵一旦焊接后就很难取下，所以在焊接点阵之前最好先调试好相关程序。串口 3 连接 LORA 无线串口模块 MODBUS 传输，串口 1 下载和连接 TTS 文字转语音合成模块。

（2）软件编写架构

程序架构安排采用多文件结构，温度传感器 DS18B20 相关、点阵相关、串口通信相关分别放在不同的 .C 文件，函数原型及端口定义、宏定义全部放在 "myfun.h"，"main.c" 包含 main 主函数，完成对各个功能模块的程序组织。

（3）温度传感器操作读取

温度传感器 DS18B20 接在 P0.6、P0.7，确定 P0 口作为传感器接入口，用一套传感器读取程序，可以读取 8 个端口的传感器。如果直接定义具体端口，需要 8 套相关的函数。

```
#define JiancePort P0
#define CGQ0  0    //接在.0口的传感器
#define CGQ1  1    //接在.1口的传感器
#define CGQ2  2    //接在.2口的传感器
#define CGQ3  3    //接在.3口的传感器
#define CGQ4  4    //接在.4口的传感器
#define CGQ5  5    //接在.5口的传感器
#define CGQ6  6    //接在.6口的传感器
#define CGQ7  7    //接在.7口的传感器
#define Read_ROM          0x33    //读取ROM
#define Match_ROM         0x55    //匹配ROM
#define Skip_ROM          0xcc    //跳过ROM
#define Search_ROM        0xf0    //搜索ROM
#define Alarm_ROM         0xec    //报警搜索
#define Write_RAM         0x4e    //写暂存器
#define Read_RAM          0xbe    //读暂存器
#define Copy_RAM          0x48    //拷贝暂存器
#define Convert           0x44    //启动温度转换
#define Recall            0xb8    //读回参数
#define Read_Power_Supply 0xb4    //写暂存器
extern unsigned char Pin;    //传感器接口
extern int DS18B20TEMP[3];   //存放温度值数
```

```
void sendChangeCmd();
int getTmpValue();
```

上面宏定义了相关指令助记符。对外提供了温度转换函数 send Change Cmd() 及读取函数 get Tmp Value()。

DS18B20 是单总线器件，操作主要是掌控好时序，时序图如图 3-7 所示。

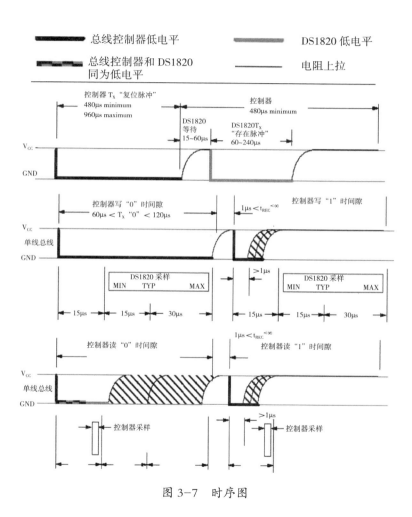

图 3-7　时序图

使用通用延时微秒函数产生上面时序的时间片。

```
void delayxus(unsigned int us){ // 延时函数
  while (--us);
}
```

因为需要监测 2 个温度，占用 P0.6、P0.7。如果直接定义端口，需要编写 2 套操作传感器的函数，这里使用字节操作位的方式实现对传感器的写 1、写 0、读状态，3 个操作函数程序如下：

```
void Set1toPin(){    //传感器总线释放
  JiancePort|=Pin;
}
void Set0toPin(){    //传感器总线拉低
  JiancePort&=~Pin;
}
unsigned char CheckP0Level(){ //读取传感器状态
  return(JiancePort&Pin);
}
```

传感器需要每次操作前先进行复位操作，参考程序如下：

```
void DS18B20_Reset()    { //复位传感器函数
    Set0toPin();          //送出低电平复位信号
    delayxus(590);     // 要求延时590us
    Set1toPin();       //释放数据线DS,拉低100us后释放总线
    delayxus(300);     // 保持总线释放300us
  }                    //作者认为没必要监测存在脉冲
```

对传感器写入 1 字节数据，参考程序如下：

```
void DS18B20_WriteByte(unsigned char dat){//向DS18B20写1字节数据
    char i;
    Set1toPin();//确保释放总线，进入字节8位数据
    for (i=0; i<8; i++){//写入8位数据，位低者在前
        Set0toPin(); //拉低形成写时间隙
        if(dat &(1<<i)){//自低向高提前字节数据
            Set1toPin();//如果是高电平，则拉高
        }
        delayxus(30);  // 时序图15+30us
        Set1toPin();  //释放总线准备写下一位数据
    }
}
```

读取传感器 1 个字节数据，参考程序如下：

```
unsigned char DS18B20_ReadByte(){//从DS18B20读取1字节数据
    unsigned char i;
    unsigned char dat = 0;//定义接收数据变量初始化
    Set1toPin();
    delayxus(1);       // 延时1us以上
    for (i=0; i<8; i++){ //读取8位数据，位低者在前
        dat >>= 1;     //接收变量右移1位，循环8次刚好1字节
        Set0toPin(); //拉低释放
        Set1toPin(); //形成读取时间隙
        delayxus(1); //读取总线前稳定时间
        if (CheckP0Level()) dat |= 0x80;   //读取传感器状态
        delayxus(30);      // 时序图15+30us，由于计算误差，
    }          //这里30可以正常接收数据
    return dat; //返回1字节数据
}
```

以上是直接和硬件联系所需的函数，其实温度转换和读取温度都需要先写入指令告诉传感器要进行的操作，下面是温度转换的操作。首

先复位，写入跳过 ROM 就是不匹配地址（每个 DS18B20 出厂都光刻了全球唯一的 8 字节号码，类似 modbusRTU 在一条总线可以挂接多个传感器，匹配的传感器响应，不匹配的不响应，这种以地址访问传感器的方式也有缺点，就是传感器损坏后更换相对麻烦）。函数代入数据 Skip_ROM 的意思是，#define Skip_ROM 0xcc 前面做的宏定义就是后面的程序用 Skip_ROM 代替 0xcc，方便记忆，实际上发送给传感器的是 0xcc。然后发送给传感器 Convert 的实际上是 0x44，就是告诉传感器将当前温度转换为数据。

```
void sendChangeCmd() { //向传感器发送转换指令
    DS18B20_Reset();    //设备复位
    DS18B20_WriteByte(Skip_ROM);//跳过ROM命令
    DS18B20_WriteByte(Convert); //开始转换命令
}
```

传感器每次可以读取共 9 个字节数据，前 2 个字节就是测得的温度信息。CRC 校验就是通

过特定的算法，将读取的前 8 个字节进行运算得
到一个数据，和第 9 个收到的 CRC 校验码比较，
如果相等就说明收到的数据正确。也可以将 9 个
字节全部运算，结果为 0 就说明正确。下面给出
了查表法 CRC 算法的参考程序。很多教程不讲
CRC 校验，大家不容易理解，这里给出了查表法
CRC 校验：

```c
unsigned char crc8_f_table (unsigned char *ptr, unsigned char len)
  unsigned char code CrcTable [256]={
    0, 94, 188, 226, 97, 63, 221, 131, 194, 156, 126, 32, 163, 253, 31, 65,
    157, 195, 33, 127, 252, 162, 64, 30, 95, 1, 227, 189, 62, 96, 130, 220,
    35, 125, 159, 193, 66, 28, 254, 160, 225, 191, 93, 3, 128, 222, 60, 98,
    190, 224, 2, 92, 223, 129, 99, 61, 124, 34, 192, 158, 29, 67, 161, 255,
    70, 24, 250, 164, 39, 121, 155, 197, 132, 218, 56, 102, 229, 187, 89, 7,
    219, 133, 103, 57, 186, 228, 6, 88, 25, 71, 165, 251, 120, 38, 196, 154,
    101, 59, 217, 135, 4, 90, 184, 230, 167, 249, 27, 69, 198, 152, 122, 36,
    248, 166, 68, 26, 153, 199, 37, 123, 58, 100, 134, 216, 91, 5, 231, 185,
    140, 210, 48, 110, 237, 179, 81, 15, 78, 16, 242, 172, 47, 113, 147, 205,
    17, 79, 173, 243, 112, 46, 204, 146, 211, 141, 111, 49, 178, 236, 14, 80,
    175, 241, 19, 77, 206, 144, 114, 44, 109, 51, 209, 143, 12, 82, 176, 238,
    50, 108, 142, 208, 83, 13, 239, 177, 240, 174, 76, 18, 145, 207, 45, 115,
    202, 148, 118, 40, 171, 245, 23, 73, 8, 86, 180, 234, 105, 55, 213, 139,
    87, 9, 235, 181, 54, 104, 138, 212, 149, 203, 41, 119, 244, 170, 72, 22,
    233, 183, 85, 11, 136, 214, 52, 106, 43, 117, 151, 201, 74, 20, 246, 168,
    116, 42, 200, 150, 21, 75, 169, 247, 182, 232, 10, 84, 215, 137, 107, 53};
  unsigned char crc =0, i;
  for(i=0;i<len;i++){                      // 查表校验
    crc= CrcTable[crc^ptr[i]];   // ^按位异或运算符
  }
  return(crc);//带入参数如果包含校验字节，正确会返回0，返回非0表示校验错误
}
```

对外接口读取温度值的参考程序如下：

```
int getTmpValue() {//获取温度返回值是整型
    unsigned char i;
    long tmpvalue;
    DS18B20_Reset();                    //设备复位
    DS18B20_WriteByte(Skip_ROM);        //跳过ROM命令
    DS18B20_WriteByte(Read_RAM);        //读暂存存储器命令
    for(i=0;i<9;i++){
        temp_buff[i]= DS18B20_ReadByte();//读取8个字节数据
    }                                   //第9个字节为CRC数据
    if(0==crc8_f_table(temp_buff,9)){  //CRC校验通过
    tmpvalue = temp_buff[1];            //第0个字节是温度低字节
    tmpvalue <<= 8;                     //第1个字节是温度高字节
    tmpvalue |= temp_buff[0];
     if(tmpvalue==0)return 3200;        //为0表示不是有效数据
     return (tmpvalue*625)/1000;        //整合后的数据并不是温度值
    }                                   //需要乘以0.625转换为温度值，尽可能不用
    return 0 ;     //浮点数，因此设定一个long，×625÷1000，
  }                //校验失败则返回0
```

这里为了避免使用浮点数，采用了长整型的处理方式，速度更快。很多时候为了节省时间也可以不进行校验，只读取前两个温度信息字节。

（4）显示部分 MAX7219 操作写入显示数据

显示部分为 8 块 8×8 点阵模块，每个模块由一片 MAX7219 驱动。根据 7219 时序图写出相关函数如下：

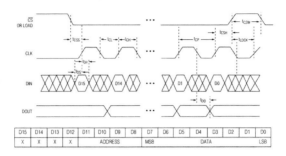

```
#define  m7219num 8
sbit DIN_DZ =P2^4;
sbit LOAD_DZ = P2^6;
sbit CLK_DZ =P4^5;
void init7219DZ();
void cls7219DZ();
void ShowChar6x8(u8 num, u8 chr);
void ShowChar8x16(char num, chr);
void ShowChar16x16(unsigned char num,unsigned char  hz);
  void sent_7219_byte(unsigned char dat){
    unsigned int m;
      for ( m=0; m<8; m++ ){
        CLK_DZ = 0;
        DIN_DZ = dat&(0x80>>m);
        CLK_DZ = 1;
      }
  }
```

写入 7219 地址和数据的函数：

```
void sent_7219DZ(unsigned char address,dat){
      LOAD_DZ = 0;
      sent_7219_byte(address);
      sent_7219_byte(dat);
      LOAD_DZ = 1;
}
```

以上两个是直接面向硬件的操作函数。

```
void init7219DZ(){
  char num;
    for(num=0;num<m7219num;num++){
        sent_7219DZ( 0x09,0x00 );
    }
    for(num=0;num<m7219num;num++){
        sent_7219DZ( 0x0A,2 );
    }
    for(num=0;num<m7219num;num++){
        sent_7219DZ( 0x0B,0x07 );
    }
    for(num=0;num<m7219num;num++){
        sent_7219DZ(0x0C,0x01 );
    }
    for(num=0;num<m7219num;num++){
        sent_7219DZ(0x0F,0x00 );
    }
}
void cls7219DZ(){
  unsigned int    addrdata;char num;
  for(num=0;num<m7219num;num++){
    for (addrdata=1; addrdata<=8; addrdata++ )
    sent_7219DZ( addrdata,0 );
  }
}
```

清屏就是给所有的 7219 显示存储器写 0。

6×8 显示单个 ASCII。

```
void ShowChar6x8(u8 num,u8 chr){
  char i,n;
  for (i=0; i<8; i++ ){
    LOAD_DZ = 0;
    for ( n=num; n<m7219num+1; n++ ){
    sent_7219_byte(0);sent_7219_byte(0);}
    sent_7219_byte(i+1);sent_7219_byte(F6x8[(chr-' ')*8+i]);
    for ( n=1; n<num; n++ ){
    sent_7219_byte(0);sent_7219_byte(0);}
    LOAD_DZ = 1;
  }
}
```

8×16 显示单个 ASCII。

```
void ShowChar8x16(char num, chr){
  char i,n;
  for (i=0; i<8; i++ )
  {
     LOAD_DZ = 0;
     for ( n=num; n<m7219num+1; n++ ){
     sent_7219_byte(0);sent_7219_byte(0);}
     sent_7219_byte(i+1);sent_7219_byte(F8X16[(chr-' ')*16+8+i]);
     sent_7219_byte(i+1);sent_7219_byte(F8X16[(chr-' ')*16+i]);
     for ( n=1; n<num; n++ ){
     sent_7219_byte(0);sent_7219_byte(0);}
     LOAD_DZ = 1;
  }
}
```

16×16 显示单个汉字。

```
void ShowChar16x16(unsigned char num,unsigned char  hz){
  char i,n;
    for (i=0; i<8; i++ ){
       LOAD_DZ = 0;
       for ( n=num; n<m7219num+1; n++ ){
       sent_7219_byte(0);sent_7219_byte(0);}
       sent_7219_byte(i+1);sent_7219_byte(BJHzk[hz*32+i+24]);
       sent_7219_byte(i+1);sent_7219_byte(BJHzk[hz*32+i+8]);
       sent_7219_byte(i+1);sent_7219_byte(BJHzk[hz*32+i+16]);
       sent_7219_byte(i+1);sent_7219_byte(BJHzk[hz*32+i]);
       for ( n=1; n<num; n++ ){
       sent_7219_byte(0);sent_7219_byte(0);}
       LOAD_DZ = 1;
    }
  }
```

```
const unsigned char code F6x8[] = {
0x00, 0x00, 0x00, 0x00, 0x00, 0x00, 0x00, 0x00, // sp
0x00, 0x00, 0x00, 0x2f, 0x00, 0x00, 0x00, 0x00, // !
0x00, 0x07, 0x00, 0x07, 0x00, 0x00, 0x00, 0x00, // "
0x00, 0x14, 0x7f, 0x14, 0x7f, 0x14, 0x00, 0x00, // #
0x00, 0x24, 0x2a, 0x7f, 0x2a, 0x12, 0x00, 0x00, // $
0x00, 0x62, 0x64, 0x08, 0x13, 0x23, 0x00, 0x00, // %
0x00, 0x36, 0x49, 0x55, 0x22, 0x50, 0x00, 0x00, // &
0x00, 0x05, 0x03, 0x00, 0x00, 0x00, 0x00, 0x00, // '
0x00, 0x00, 0x1c, 0x22, 0x41, 0x00, 0x00, 0x00, // (
0x00, 0x41, 0x22, 0x1c, 0x00, 0x00, 0x00, 0x00, // )
0x00, 0x14, 0x08, 0x3E, 0x08, 0x14, 0x00, 0x00, // *
0x00, 0x08, 0x08, 0x3E, 0x08, 0x08, 0x00, 0x00, // +
0x00, 0x00, 0x00, 0xA0, 0x60, 0x00, 0x00, 0x00, // ,
0x00, 0x08, 0x08, 0x08, 0x08, 0x08, 0x00, 0x00, // -
0x00, 0x00, 0x60, 0x60, 0x00, 0x00, 0x00, 0x00, // .
0x00, 0x20, 0x10, 0x08, 0x04, 0x02, 0x00, 0x00, // /
0x3E, 0x51, 0x49, 0x45, 0x3E, 0x00, 0x00, 0x00, // 0
0x00, 0x42, 0x7F, 0x40, 0x00, 0x00, 0x00, 0x00, // 1
0x42, 0x61, 0x51, 0x49, 0x46, 0x00, 0x00, 0x00, // 2
0x21, 0x41, 0x45, 0x4B, 0x31, 0x00, 0x00, 0x00, // 3
0x18, 0x14, 0x12, 0x7F, 0x10, 0x00, 0x00, 0x00, // 4
0x27, 0x45, 0x45, 0x45, 0x39, 0x00, 0x00, 0x00, // 5
0x3C, 0x4A, 0x49, 0x49, 0x30, 0x00, 0x00, 0x00, // 6
0x01, 0x71, 0x09, 0x05, 0x03, 0x00, 0x00, 0x00, // 7
0x36, 0x49, 0x49, 0x49, 0x36, 0x00, 0x00, 0x00, // 8
0x06, 0x49, 0x49, 0x29, 0x1E, 0x00, 0x00, 0x00, // 9
```

整理的 5×7 全 ASCII 码表如下：

```
const unsigned char code F8X16[]=
{
0x00, 0x00, 0x00, 0x00, 0x00, 0x00, 0x00, 0x00, 0x00, 0x00, 0x00, 0x00, 0x00, 0x00, 0x00, 0x00, //  0空格
0x00, 0x00, 0x00, 0xF8, 0x00, 0x00, 0x00, 0x00, 0x00, 0x00, 0x33, 0x30, 0x00, 0x00, 0x00, 0x00, //! 1
0x00, 0x10, 0x0C, 0x06, 0x10, 0x0C, 0x06, 0x00, 0x00, 0x00, 0x00, 0x00, 0x00, 0x00, 0x00, 0x00, //" 2
0x40, 0xC0, 0x78, 0x40, 0xC0, 0x78, 0x40, 0x00, 0x04, 0x3F, 0x04, 0x04, 0x3F, 0x04, 0x04, 0x00, //# 3
0x00, 0x70, 0x88, 0xFC, 0x08, 0x30, 0x00, 0x00, 0x00, 0x18, 0x20, 0xFF, 0x21, 0x1E, 0x00, 0x00, //$ 4
0xF0, 0x08, 0xF0, 0x00, 0xE0, 0x18, 0x00, 0x00, 0x00, 0x21, 0x1C, 0x03, 0x1E, 0x21, 0x1E, 0x00, //% 5
0x00, 0xF0, 0x08, 0x88, 0x70, 0x00, 0x00, 0x00, 0x1E, 0x21, 0x23, 0x24, 0x19, 0x27, 0x21, 0x10, //& 6
0x10, 0x16, 0x0E, 0x00, 0x00, 0x00, 0x00, 0x00, 0x00, 0x00, 0x00, 0x00, 0x00, 0x00, 0x00, 0x00, //' 7
0x00, 0x00, 0x00, 0xE0, 0x18, 0x04, 0x02, 0x00, 0x00, 0x00, 0x00, 0x07, 0x18, 0x20, 0x40, 0x00, //( 8
0x00, 0x02, 0x04, 0x18, 0xE0, 0x00, 0x00, 0x00, 0x00, 0x40, 0x20, 0x18, 0x07, 0x00, 0x00, 0x00, //) 9
0x40, 0x40, 0x80, 0xF0, 0x80, 0x40, 0x40, 0x00, 0x02, 0x02, 0x01, 0x0F, 0x01, 0x02, 0x02, 0x00, //* 10
0x00, 0x00, 0x00, 0xF0, 0x00, 0x00, 0x00, 0x00, 0x01, 0x01, 0x01, 0x1F, 0x01, 0x01, 0x01, 0x00, //+ 11
0x00, 0x00, 0x00, 0x00, 0x00, 0x00, 0x00, 0x00, 0x80, 0xB0, 0x70, 0x00, 0x00, 0x00, 0x00, 0x00, //, 12
0x00, 0x00, 0x00, 0x00, 0x00, 0x00, 0x00, 0x00, 0x01, 0x01, 0x01, 0x01, 0x01, 0x01, 0x01, 0x01, //- 13
0x00, 0x00, 0x00, 0x00, 0x00, 0x00, 0x00, 0x00, 0x30, 0x30, 0x00, 0x00, 0x00, 0x00, 0x00, 0x00, //. 14
0x00, 0x00, 0x00, 0x00, 0x80, 0x60, 0x18, 0x04, 0x00, 0x60, 0x18, 0x06, 0x01, 0x00, 0x00, 0x00, /// 15
0xE0, 0x10, 0x08, 0x08, 0x10, 0xE0, 0x00, 0x00, 0x0F, 0x10, 0x20, 0x20, 0x10, 0x0F, 0x00, 0x00, //0 16
0x10, 0x10, 0xF8, 0x00, 0x00, 0x00, 0x00, 0x00, 0x20, 0x20, 0x3F, 0x20, 0x20, 0x00, 0x00, 0x00, //1 17
0x70, 0x08, 0x08, 0x08, 0x88, 0x70, 0x00, 0x00, 0x30, 0x28, 0x24, 0x22, 0x21, 0x30, 0x00, 0x00, //2 18
0x30, 0x08, 0x88, 0x88, 0x48, 0x30, 0x00, 0x00, 0x18, 0x20, 0x20, 0x20, 0x11, 0x0E, 0x00, 0x00, //3 19
0x00, 0xC0, 0x20, 0x10, 0xF8, 0x00, 0x00, 0x00, 0x07, 0x04, 0x24, 0x24, 0x3F, 0x24, 0x00, 0x00, //4 20
0xF8, 0x08, 0x88, 0x88, 0x08, 0x08, 0x00, 0x00, 0x19, 0x21, 0x20, 0x20, 0x11, 0x0E, 0x00, 0x00, //5 21
0xE0, 0x10, 0x88, 0x88, 0x18, 0x00, 0x00, 0x00, 0x0F, 0x11, 0x20, 0x20, 0x11, 0x0E, 0x00, 0x00, //6 22
0x38, 0x08, 0x08, 0xC8, 0x38, 0x08, 0x00, 0x00, 0x00, 0x00, 0x3F, 0x00, 0x00, 0x00, 0x00, 0x00, //7 23
0x70, 0x88, 0x08, 0x08, 0x88, 0x70, 0x00, 0x00, 0x1C, 0x22, 0x21, 0x21, 0x22, 0x1C, 0x00, 0x00, //8 24
0xE0, 0x10, 0x08, 0x08, 0x10, 0xE0, 0x00, 0x00, 0x00, 0x31, 0x22, 0x22, 0x11, 0x0F, 0x00, 0x00, //9 25
```

整理的 8×16 全 ASCII 码表如下：

```
unsigned char code BJHzk[]={
0x08, 0x08, 0xE8, 0x29, 0x2E, 0x28, 0xE8, 0x08, 0x08, 0xC8, 0x0C, 0x0B, 0xE8, 0x08, 0x08, 0x00,
0x00, 0x00, 0xFF, 0x09, 0x49, 0x89, 0x7F, 0x00, 0x00, 0x0F, 0x40, 0x80, 0x7F, 0x00, 0x00, 0x00, //前0

0xC8, 0xB8, 0x8F, 0xE8, 0x88, 0x88, 0x00, 0xF0, 0x10, 0x10, 0xFF, 0x10, 0x10, 0xF0, 0x00, 0x00,
0x08, 0x18, 0x08, 0xFF, 0x04, 0x04, 0x00, 0xFF, 0x42, 0x42, 0x7F, 0x42, 0x42, 0xFF, 0x00, 0x00, //轴1

0x00, 0x10, 0x10, 0x91, 0x71, 0x21, 0x21, 0xF9, 0x25, 0x23, 0x71, 0xA0, 0x10, 0x08, 0x00, 0x00,
0x10, 0x08, 0x06, 0x01, 0x08, 0x49, 0x89, 0x7F, 0x09, 0x09, 0x08, 0x01, 0x06, 0x08, 0x10, 0x00, //承2

0x10, 0x60, 0x02, 0x8C, 0x00, 0x00, 0xFE, 0x92, 0x92, 0x92, 0x92, 0x92, 0xFE, 0x00, 0x00, 0x00,
0x04, 0x04, 0x7E, 0x01, 0x40, 0x7E, 0x42, 0x42, 0x7E, 0x42, 0x7E, 0x42, 0x42, 0x7E, 0x40, 0x00, //温3

0x00, 0x00, 0xFC, 0x24, 0x24, 0x24, 0xFC, 0x25, 0x26, 0x24, 0xFC, 0x24, 0x24, 0x24, 0x04, 0x00,
0x40, 0x30, 0x8F, 0x80, 0x84, 0x4C, 0x55, 0x25, 0x25, 0x25, 0x55, 0x4C, 0x80, 0x80, 0x80, 0x00, //度4

0x04, 0x04, 0x04, 0x04, 0xF4, 0x94, 0x95, 0x96, 0x94, 0x94, 0xF4, 0x04, 0x04, 0x04, 0x04, 0x00,
0x00, 0xFE, 0x02, 0x02, 0x7A, 0x4A, 0x4A, 0x4A, 0x4A, 0x4A, 0x7A, 0x02, 0x82, 0xFE, 0x00, 0x00, //高5

0x00, 0x00, 0x00, 0xFC, 0x24, 0x24, 0x24, 0x24, 0x22, 0x22, 0x23, 0x22, 0x20, 0x20, 0x00,
0x40, 0x20, 0x18, 0x07, 0x00, 0xFE, 0x42, 0x42, 0x42, 0x42, 0x42, 0x42, 0xFE, 0x00, 0x00, 0x00, //后6

0xC8, 0xB8, 0x8F, 0xE8, 0x88, 0x88, 0x00, 0xF0, 0x10, 0x10, 0xFF, 0x10, 0x10, 0xF0, 0x00, 0x00,
0x08, 0x18, 0x08, 0xFF, 0x04, 0x04, 0x00, 0xFF, 0x42, 0x42, 0x7F, 0x42, 0x42, 0xFF, 0x00, 0x00, //轴7

0x00, 0x10, 0x10, 0x91, 0x71, 0x21, 0x21, 0xF9, 0x25, 0x23, 0x71, 0xA0, 0x10, 0x08, 0x00, 0x00,
0x10, 0x08, 0x06, 0x01, 0x08, 0x49, 0x89, 0x7F, 0x09, 0x09, 0x08, 0x01, 0x06, 0x08, 0x10, 0x00, //承8

0x10, 0x60, 0x02, 0x8C, 0x00, 0x00, 0xFE, 0x92, 0x92, 0x92, 0x92, 0x92, 0xFE, 0x00, 0x00, 0x00,
0x04, 0x04, 0x7E, 0x01, 0x40, 0x7E, 0x42, 0x42, 0x7E, 0x42, 0x7E, 0x42, 0x42, 0x7E, 0x40, 0x00, //温9

0x00, 0x00, 0xFC, 0x24, 0x24, 0x24, 0xFC, 0x25, 0x26, 0x24, 0xFC, 0x24, 0x24, 0x24, 0x04, 0x00,
0x40, 0x30, 0x8F, 0x80, 0x84, 0x4C, 0x55, 0x25, 0x25, 0x25, 0x55, 0x4C, 0x80, 0x80, 0x80, 0x00, //度10

0x04, 0x04, 0x04, 0x04, 0xF4, 0x94, 0x95, 0x96, 0x94, 0x94, 0xF4, 0x04, 0x04, 0x04, 0x04, 0x00,
0x00, 0xFE, 0x02, 0x02, 0x7A, 0x4A, 0x4A, 0x4A, 0x4A, 0x4A, 0x7A, 0x02, 0x82, 0xFE, 0x00, 0x00, //高11

};
```

四、汉字取模软件使用

汉字需要借助取模软件取模。在本示例中使用取模软件辅助获取要显示的汉字字模数据（图 3-8）。

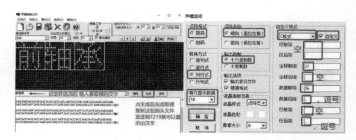

图 3-8   取模设置参考

五、通信相关的程序

用串口 1 下载和语音播报，串口 3 作为远程无线 modbusRTU 通信。下面是相关函数：

```
unsigned char rcvcont=0,rcv[50],send[30];//rcvcont存放接收字节计数
//rcv[50]接收数据缓冲区 send[30]; 发送缓冲区
#define modadd 1    //modbus设备地址
#define funnum 0x04 //功能码 输入寄存器
```

```
unsigned char code aCRCLo[] = {
0x00, 0xC0, 0xC1, 0x01, 0xC3, 0x03, 0x02, 0xC2, 0xC6, 0x06,
0x07, 0xC7, 0x05, 0xC5, 0xC4, 0x04, 0xCC, 0x0C, 0x0D, 0xCD,
0x0F, 0xCF, 0xCE, 0x0E, 0x0A, 0xCA, 0xCB, 0x0B, 0xC9, 0x09,
0x08, 0xC8, 0xD8, 0x18, 0x19, 0xD9, 0x1B, 0xDB, 0xDA, 0x1A,
0x1E, 0xDE, 0xDF, 0x1F, 0xDD, 0x1D, 0x1C, 0xDC, 0x14, 0xD4,
0xD5, 0x15, 0xD7, 0x17, 0x16, 0xD6, 0xD2, 0x12, 0x13, 0xD3,
0x11, 0xD1, 0xD0, 0x10, 0xF0, 0x30, 0x31, 0xF1, 0x33, 0xF3,
0xF2, 0x32, 0x36, 0xF6, 0xF7, 0x37, 0x35, 0xF5, 0x34, 0xF4,
0x3C, 0xFC, 0xFD, 0x3D, 0xFF, 0x3F, 0x3E, 0xFE, 0xFA, 0x3A,
0x3B, 0xFB, 0x39, 0xF9, 0xF8, 0x38, 0x28, 0xE8, 0xE9, 0x29,
0xEB, 0x2B, 0x2A, 0xEA, 0xEE, 0x2E, 0x2F, 0xEF, 0xED, 0x2D, 0xED,
0xEC, 0x2C, 0xE4, 0x24, 0x25, 0xE5, 0x27, 0xE7, 0xE6, 0x26,
0x22, 0xE2, 0xE3, 0x23, 0xE1, 0x21, 0x20, 0xE0, 0xA0, 0x60,
0x61, 0xA1, 0x63, 0xA3, 0xA2, 0x62, 0x66, 0xA6, 0xA7, 0x67,
0xA5, 0x65, 0x64, 0xA4, 0x6C, 0xAC, 0xAD, 0x6D, 0xAF, 0x6F,
0x6E, 0xAE, 0xAA, 0x6A, 0x6B, 0xAB, 0x69, 0xA9, 0xA8, 0x68,
0x78, 0xB8, 0xB9, 0x79, 0xBB, 0x7B, 0x7A, 0xBA, 0xBE, 0x7E,
0x7F, 0xBF, 0x7D, 0xBD, 0xBC, 0x7C, 0xB4, 0x74, 0x75, 0xB5,
0x77, 0xB7, 0xB6, 0x76, 0x72, 0xB2, 0xB3, 0x73, 0xB1, 0x71,
0x70, 0xB0, 0x50, 0x90, 0x91, 0x51, 0x93, 0x53, 0x52, 0x92,
0x96, 0x56, 0x57, 0x97, 0x55, 0x95, 0x94, 0x54, 0x9C, 0x5C,
0x5D, 0x9D, 0x5F, 0x9F, 0x9E, 0x5E, 0x5A, 0x9A, 0x9B, 0x5B,
0x99, 0x59, 0x58, 0x98, 0x88, 0x48, 0x49, 0x89, 0x4B, 0x8B,
0x8A, 0x4A, 0x4E, 0x8E, 0x8F, 0x4F, 0x8D, 0x4D, 0x4C, 0x8C,
0x44, 0x84, 0x85, 0x45, 0x87, 0x47, 0x46, 0x86, 0x82, 0x42,
0x43, 0x83, 0x41, 0x81, 0x80, 0x40  };
```

CRC 高 8 位表

```
unsigned char code aCRCHi[] = {
0x00, 0xC1, 0x81, 0x40, 0x01, 0xC0, 0x80, 0x41, 0x01, 0xC0,
0x80, 0x41, 0x00, 0xC1, 0x81, 0x40, 0x01, 0xC0, 0x80, 0x41,
0x00, 0xC1, 0x81, 0x40, 0x00, 0xC1, 0x81, 0x40, 0x01, 0xC0,
0x80, 0x41, 0x01, 0xC0, 0x80, 0x41, 0x00, 0xC1, 0x81, 0x40,
0x00, 0xC1, 0x81, 0x40, 0x01, 0xC0, 0x80, 0x41, 0x00, 0xC1,
0x81, 0x40, 0x01, 0xC0, 0x80, 0x41, 0x01, 0xC0, 0x80, 0x41,
0x00, 0xC1, 0x81, 0x40, 0x01, 0xC0, 0x80, 0x41, 0x00, 0xC1,
0x81, 0x40, 0x00, 0xC1, 0x81, 0x40, 0x01, 0xC0, 0x80, 0x41,
0x00, 0xC1, 0x81, 0x40, 0x01, 0xC0, 0x80, 0x41, 0x01, 0xC0,
0x80, 0x41, 0x00, 0xC1, 0x81, 0x40, 0x00, 0xC1, 0x81, 0x40,
0x01, 0xC0, 0x80, 0x41, 0x01, 0xC0, 0x80, 0x41, 0x00, 0xC1,
0x81, 0x40, 0x01, 0xC0, 0x80, 0x41, 0x00, 0xC1, 0x81, 0x40,
0x00, 0xC1, 0x81, 0x40, 0x01, 0xC0, 0x80, 0x41, 0x01, 0xC0,
0x80, 0x41, 0x00, 0xC1, 0x81, 0x40, 0x01, 0xC0, 0x80, 0x41,
0x01, 0xC0, 0x80, 0x41, 0x00, 0xC1, 0x81, 0x40, 0x01, 0xC0,
0x80, 0x41, 0x01, 0xC0, 0x80, 0x41, 0x00, 0xC1, 0x81, 0x40,
0x00, 0xC1, 0x81, 0x40, 0x01, 0xC0, 0x80, 0x41, 0x01, 0xC0,
0x80, 0x41, 0x00, 0xC1, 0x81, 0x40, 0x01, 0xC0, 0x80, 0x41,
0x00, 0xC1, 0x81, 0x40, 0x00, 0xC1, 0x81, 0x40, 0x01, 0xC0,
0x80, 0x41, 0x00, 0xC1, 0x81, 0x40, 0x01, 0xC0, 0x80, 0x41,
0x01, 0xC0, 0x80, 0x41, 0x00, 0xC1, 0x81, 0x40, 0x00, 0xC1,
0x81, 0x40, 0x00, 0xC1, 0x81, 0x40, 0x01, 0xC0, 0x80, 0x41,
0x00, 0xC1, 0x81, 0x40, 0x01, 0xC0, 0x80, 0x41, 0x01, 0xC0,
0x80, 0x41, 0x00, 0xC1, 0x81, 0x40, 0x01, 0xC0, 0x80, 0x41,
0x00, 0xC1, 0x81, 0x40, 0x00, 0xC1, 0x81, 0x40, 0x01, 0xC0,
0x80, 0x41, 0x00, 0xC1, 0x81, 0x40  };
```

CRC 低 8 位表

```c
unsigned int  crc16_table(unsigned char *ptr, unsigned char len) {
  unsigned char CRCHi=0xFF;          //  高CRC字节初始化
    unsigned char CRCLo=0xFF;          //  低CRC 字节初始化
    unsigned long Index;               //  CRC循环中的索引
    while(len--) {
        Index=CRCHi^*ptr++;
        CRCHi=CRCLo^aCRCHi[Index];
        CRCLo=aCRCLo[Index];
    }
    return  (CRCHi<<8|CRCLo);
}// CRC校验函数 modbus 必备函数

    void UartInit(void) {  //串口1、3 初始化9600 8 N 1 @11.0592MHz
      SCON = 0x50;      //8位数据, 可变波特率
      AUXR |= 0x01;     //串口1选择定时器2为波特率发生器
      AUXR |= 0x04;     //定时器时钟1T模式
      S3CON = 0x10;     //8位数据, 可变波特率
      S3CON &= 0xBF;    //串口3选择定时器2为波特率发生器
      S3_USE_P00P01();  //UART3 使用P0口默认
      S3_RX_EN();
      S3_Int_en();
      T2L = 0xE0;       //设置定时初始值
      T2H = 0xFE;       //设置定时初始值
      AUXR |= 0x10;     //定时器2开始计时
      ES=1;
      EA=1;
    }
```

串口 1 字节发送：

```
void UART1_Send_Byte(u8 dat)  {
    SBUF =dat;
    while(!TI);
    TI = 0;
    }
```

串口 1 字节发送字符串：

```
void Send1String(char* str)  {
  while(*str)      {
    UART1_Send_Byte(*str++);
    }
  }
```

串口 3 字节发送：

```
void UART3_Send_Byte(unsigned char dat){
    S3_Int_Disable();//发送期间关闭串口3
    S3BUF = dat;  //写数据到串口3数据寄存器
    while(!TI3);//等待发送完成
    CLR_TI3();  //清除S3TI位
  S3_Int_en();  //打开串口3
}

void UART1_int (void) interrupt UART1 VECTOR{//不断电自动下载
  static int count=0;//串口1服务程序，定义静态变量，记录下载请求数
    if(RI)    {  RI = 0;//如果是接收中断,清除中断标志完成服务程序
      if(SBUF==0XF8)  count++;//程序下载前一直发送0xF8,如果是就计数
      else count=0;//如果不是就清零,这样保证通信正常
      if(count>40)  IAP_CONTR=0X60;//如果超过40个 IAP_CONTR=0X60重启
      return;
    }//if(RI)
  if(TI) TI = 0;//如果发送中断,清除标志返回
    return;
}
```

当收到上位机数据请求时，进入串口 3，中断服务程序：

```
void Uart3() interrupt 17{
    union {
        unsigned char crwd[2];
        unsigned  int temper;
    }crwd;  //联合体方便数据拆解整合
    char i=0;
    if (RI3) {
        CLR_RI3();          //清除S3RI位
        rcv[rcvcont++]=S3BUF; //rcvcont++;接收的数据字节放置到缓冲区数据
        if((rcvcont==1)&&(rcv[0]!=modadd)goto lable1;//接收的0字节是否为从站地址，不是则重新开始
        if((rcvcont==2)&&(rcv[1]!=funnum)goto lable1;//接收的1字节是否为从站功能码，不是则重新开始
        if(rcvcont==8){//接收到8个字节数        0  1  2  3  4  5  6  7
            if(crc16_table(rcv, 8)==0) {        //01 04 00 00 00 02 71 CB    主机请求指令
                send[0]= modadd;                //01 04 00 FC 00 FD FA 35 返回数据2个整型数
                send[1]= funnum;
                if(rcv[5]==1){// 主机请求1变量  就是2字节数据
                    send[2]= 2;//返回数据字节个数2
                    crwd.temper=Qzc;//温度值送给联合体整型
                    send[3]=crwd.crwd[0];send[4]=crwd.crwd[1];//自动拆解为字节变量,存入待发送区3、4字节
                    crwd.temper=crc16_table(send, 5);  //CRC数据经联合体拆解后送入待发送区5、6 字节
                    send[5]=crwd.crwd[0];send[6]=crwd.crwd[1];
                    for(i=0;i<7;i++){
                        UART3_Send_Byte(send[i]);  //将调整好的数据通过无线模块发送7个字节
                    }
                }
                if(rcv[5]==2){// 主机请求2个变量  就是4字节数据
                    send[2]= 4;//返回数据字节个数4
                    crwd.temper=Qzc;//第1温度值送给联合体整型
                    send[3]=crwd.crwd[0];send[4]=crwd.crwd[1];
                    crwd.temper=Hzc;//第2温度值送给联合体整型
                    send[5]=crwd.crwd[0];send[6]=crwd.crwd[1];
                    crwd.temper=crc16_table(send, 7);//CRC数据经联合体拆解后送入待发送区7、8 字节
                    send[7]=crwd.crwd[0];send[8]=crwd.crwd[1];
                    for(i=0;i<9;i++){//将调整好的数据通过无线模块发送9个字节
                        UART3_Send_Byte(send[i]);
                    }
                }
            } rcvcont=0;
        }//rcvcont==8
    return;
lable1:  rcvcont=0; return;//地址及功能码不符合复位计数,舍弃接收指令,等待正确指令
    }//if (RI3)
    if (TI3) CLR_TI3();//发送中断  清除S3TI位
    return;
}
```

　　通过串口 1 播放温度值，温度是包含 1 位小数的整型，除以 10 为真值。

```
void bofangwendu(int v){//如果大于999就播放分离出来的百位
    if(v>999) {UART1_Send_Byte(v%10000/1000+'0');//分离转成ASCII
    Send1String("百");}//"百"字需要额外加上
    if((v>999)||((v<1000)&&(v%1000/100!=0))){//避免10度以下播放0
    UART1_Send_Byte(v%1000/100+'0');//分离出十位
    if(v%1000/100!=0)
    Send1String("十");}//"十"字需要额外加上
    UART1_Send_Byte(v%100/10+'0');//分离出个位
    Send1String("点");//"点"字需要额外加上
    UART1_Send_Byte(v%10+'0');//分离出小数位
    Send1String("摄氏度");//最后加上"摄氏度"
}
```

六、通用函数

　　通用延时函数及端口设定初始化函数如下：

```
void  delay_ms(unsigned int ms){ //通用延时函数 根据主频自动调整参数
    unsigned int i;
    do{
        i = MAIN_Fosc / 13000;// 根据主频自动调整参数 1ms
        while(--i)     ;
    }while(--ms);//传入参数是多少就延时多少ms
}

void portinit(){//端口初始化根据实际需要可以设置为 传统弱上拉、强推挽、开漏、高阻模式
    P0M1=0x00; P0M0=0x00;P1M1=0x00; P1M0=0x00;P2M1=0x00; P2M0=0x00;P3M1=0x00; P3M0=0x00;
    P4M1=0x00; P4M0=0x00;P5M1=0x00; P5M0=0x00;P6M1=0x00; P6M0=0x00;P7M1=0x00; P7M0=0x00;
}
```

七、总体调度功能函数

主函数完成预设功能，实现调度各个功能函数。

```
#include "myfun.h"//包含头文件
#define GXset 300   //高限设定值
int Qzc,Hzc;//创建前轴承及后轴承的温度变量，整型
void  main (){
  char qzcbfbz,hzcbfbz,jishu=0;//前轴承超限播放计数,后轴承播放
  UartInit();  //串口初始化  不断电下载
  portinit();//端口初始化
  delay_ms(3000);//延时等电压稳定
  init7219DZ();//点阵驱动初始化
  cls7219DZ();   //清屏
  Pin=1<<CGQ6;//置传感器 06有效
  sendChangeCmd();//置传感器 06 温度转换
  Pin=1<<CGQ7;//置传感器 07 有效
  sendChangeCmd();//置传感器 07 温度转换
  delay_ms(1000);  //延时等待传感器完成温度转换,避免出现温度8500
while(1){ //进入主循环
  Pin=1<<CGQ6;//置传感器 06 有效
  sendChangeCmd();//置传感器 06 温度转换
  Pin=1<<CGQ7;//置传感器 07 有效
  sendChangeCmd();//置传感器 07 温度转换
  delay_ms(100);
  Pin=1<<CGQ6;//置传感器 06 有效
  Qzc=getTmpValue();//获取P0.7连接的温度
  Pin=1<<CGQ7;//置传感器 07 有效
  Hzc=getTmpValue();//获取P0.7连接的温度
```

```
if((Qzc<GXset)&&(Hzc<GXset)){//温度小于设定值，使用8×8点阵两排显示温度
  ShowChar6x8(1,Qzc%1000/100+0x30);//分离前轴承温度十位+0x30转换为ASCII
  ShowChar6x8(3,Qzc%100/10+0x30);//分离前轴承温度个位+0x30转换为ASCII
  ShowChar6x8(5,'.');//获取的温度值是整数形式，实际上包含1位小数，插入小数点
  ShowChar6x8(7,Qzc%10+0x30);//分离前轴承温度小数位+0x30转换为ASCII
  ShowChar6x8(2,Hzc%1000/100+0x30);//分离后轴承温度十位+0x30转换为ASCII
  ShowChar6x8(4,Hzc%100/10+0x30);//分离后轴承温度个位+0x30转换为ASCII
  ShowChar6x8(6,'.');//获取的温度值是整数形式，实际上包含1位小数，插入小数点
  ShowChar6x8(8,Hzc%10+0x30);//分离后轴承温度小数位+0x30转换为ASCII
}//如果温度小于设定值推送到点阵显示，这里为了程序结构直观没有做成函数
else{//温度大于设定值使用8x16点阵单排，放大显示温度、报警汉字、语音提示
  if(Qzc>GXset){//前轴承温度超过设定值后的处理
    ShowChar8x16(1,Qzc%1000/100+0x30);
    ShowChar8x16(3,Qzc%100/10+0x30);
    ShowChar8x16(5,'.');
    ShowChar8x16(7,Qzc%10+0x30);
    delay_ms(1000);//显示放大后的数字，停留1秒显示汉字提示
    //将要显示的汉字取模后数据以一屏2个推送给点阵
    for(Hzc=0;Hzc<6;Hzc+=2){//显示6个汉字"前轴承温度高"，分三屏各停留1秒
      ShowChar16x16(1,Hzc);//每屏的第1个汉字 占4块8×8点阵，形参1表示第1块
      ShowChar16x16(5,Hzc+1);//每屏的第2个占4块8×8点阵，形参5表示第5块开始
      delay_ms(1000);//   汉字显示后停留1秒
    }
    qzcbfbz++;//前轴承温度高，播放语音提示计时，因为语音播放占用时间长
    if(qzcbfbz>=4){//  显示4次后才播放一次语音
      qzcbfbz=0;//4次后标志归零
      Send1String("前轴承温度，");//字符串播放直接通过串口发送即可
      bofangwendu(Qzc);//播放变量数值需要像文字显示一样进行分离处理
      Send1String("，高于设定值 请值班员检查");
    }
  }
```

```
if(Hzc>GXset){//前轴承温度超过设定值后，查看前轴承注释
   ShowChar8x16(1,Hzc%1000/100+0x30);
   ShowChar8x16(3,Hzc%100/10+0x30);
   ShowChar8x16(5,'.');
   ShowChar8x16(7,Hzc%10+0x30);
   delay_ms(1000);
for(Hzc=6;Hzc<12;Hzc+=2){
   ShowChar16x16(1,Hzc);
   ShowChar16x16(5,Hzc+1);
   delay_ms(1000);
}
   hzcbfbz++;
   if(hzcbfbz>=4){
      hzcbfbz=0;
      Send1String("后轴承温度，");
      bofangwendu(Hzc);
      Send1String("，高于设定值 请值班员检查");
   }//
}//如果有温度大于设定值
}//温度
}//while
}//main
```

八、无线传输模块

无线传输 LORA 无线串口、模块如图 3-9 所示。

图 3-9　无线传输 LORA 无线串口模块

模块使用说明：

（1）透明传输

透明传输数据针对设备相同、地址相同的通信信道，用户数据可以是字符或 16 进制数据形式。例如，A 设备发 5 字节数据 AA BB CC DD EE 到 B 设备，B 设备就可以收到数据 AA BB CC DD EE。

（2）定向传输

定向传输针对设备间地址和通信信道不同，数据格式为 16 进制，发送格式：高位地址＋低位地址＋信道＋用户数据。例如，A 设备［地址为 0×1400，信道为 0×17（23 信道、433Mhz）］需要向 B 设备［地址为 0×1234，信道为 0×10（16 信道、426MHz）］发送数据 AA BB CC，其通信格式为：12 34 10 AA BB CC，其中 12 34 为模块 B 的地址，10 为信道，则模块 B 可以收到 AA BB CC。同理，如果 B 设备需要向 A 设备发送数据 AA BB CC，其通信格式为：14 00 17 AA BB CC，则 A 设备可以收到 AA BB CC。

（3）广播与数据监听

将模块地址设置为 0×FFFF（65535），可以监听相同信道上所有模块的数据传输，发送的数据可以被相同信道上任意地址的模块收到，从而起到广播和监听的作用。

采用透明传输对模块设置如下：定向传输更可靠，但是需要额外添加地址和信道数据，单片机容易实现，组态王 wincc 不容易实现。

因此只能选透明传输信道以及模块地址要完全一致才能进行通信，拿到新模块默认信道 23 地址 0，使用时修改为不常用的信道和地址，避免冲突干扰。

九、上位机组态步骤

（1）使用向导创建工程

双击桌面的组态王快捷方式图标进入 KingView，进入工程管理器点击菜单栏的文件／新建工程或者直接单击新建按钮，按照下面步骤完成项目创建，并设置为当前工程。

输入或者通过浏览选择存放工程的目录，这次存放在 D 盘根目录。单击下一页继续进入向导之三。当前工程前面有小红旗标志。

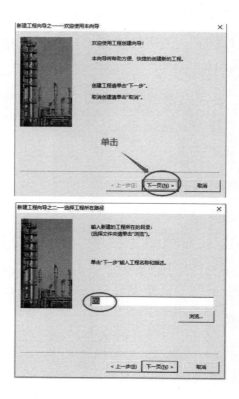

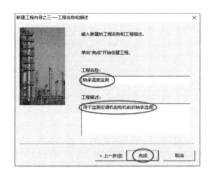

（2）配置通信

双击工程进入开发环境，点击 COM1，在右侧双击新建。

点开 PLC 前面的 + 号，向下滚动鼠标，找到莫迪康。

点开莫迪康前面的＋号找到 ModbusRTU，点开＋号，点击 COM，下一步配置连接参数。

　　为连接的设备起一个恰当的名字，作为通信设备名称，可以是中文，点下一页继续。

　　选取与设备连接的 COM 口，正确选择后点下一页继续。

为设备指定地址，注意务必要和单片机的编写程序对应，单片机侧 add 是 1，因此这里也填入 1，点下一页继续。在这一步，为要安装的设备指定地址。使用默认值或按地址帮助按钮取得设备地址帮助信息。所指定的设备地址必须在 32 个字节以内。

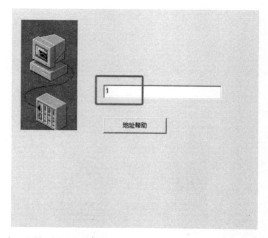

尝试恢复时间间隔，默认是 30，可以根据需要进行设置。这里注意，这是最长恢复时间的设

置，默认 24 的意思是如果通信失败，每隔 30 秒尝试一次，24 小时后不再尝试，这也是为什么设备宕机或断电后即使恢复正常，但是上位机仍然收不到数据的原因，因为上位机不再进行尝试了。要想解决可以重启上位机，或者将这个时间设置为 0，通信设备会一直进行尝试，不考虑最长恢复时间的限制。

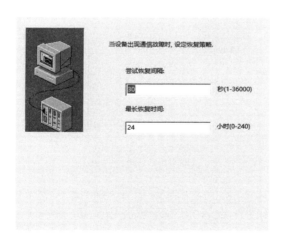

最后检查这些信息是否正确，如果不正确可以点击上一步到该步骤进行修改，正确则点击完成，系统会创建这个设备并出现在右侧编辑区，之后测试这个设备是否可以通信。

新创建设备电机轴承温度后需要修改一下通信参数，双击 COM4 弹出右侧对话框设置通信参

数，单片机侧是无校验，这里也要改为无校验。最终设置为：9600 8 N 1。

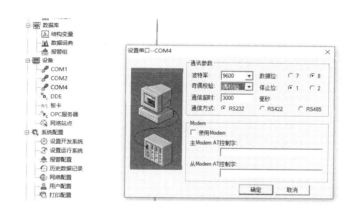

（3）测试通信设备

点击测试逻辑设备后弹出对话框，分为两个选项卡，通信参数确认无误点设备测试选项卡进行测试。

如果这些通信参数与实际不一致，可以修改，但是并不会被保存，所以最好双击COM4设置通信参数。

　　点击设备测试选项卡，单片机侧是输入寄存器整型。3 号功能地址 300001 是前轴承温度，地址 2 是后轴承温度，也就是 300002，SHORT 对应整型。

　　点击添加地址 1 出现在采集列表区，点击读取后开始通信。点击读取后通信正常，会返回温度数据，填入变量值。注意返回的变量值是包含一位小数的整型数据，也就是被扩大了 10 倍，需要在定义变量时进行处理。

　　测试的目的就是确认通信是否通畅，能否返回正常数值。如果出现异常，就需要查找原因再测试。

（4）创建完设备后进行变量创建

①单击变量。

②右键选建立变量组。

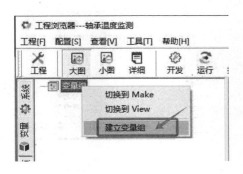

创建完轴承温度变量组后双击右侧新建，进行变量创建，包含基本属性，面向外部设备，建立连接完成。下位机包含小数的整型数，转换为带小数点的实数。确定采集周期报警，定义选项卡，定义报警范围，记录好安全选项卡，设置是否进行记录数据，电子签名设置是否要电子签名。

为变量起个名字，可以是中文，选择数据类型，详细解释变量的作用，最大原始值是下位机返回的，最大值是最终给上位机的，这里刚好相差 10 倍就自动转换为实数了，同时也就限定了变量的数值范围。输入寄存器，选只读，如果是保持寄存器，选读写。

报警选项卡根据需要进行设置，这里只需要温度高报警，因此只勾选了高报警，文本会出现在报警列表中，方便识别。设定温度高于 30℃ 触发报警提示。

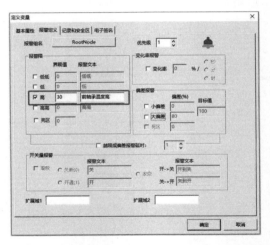

数据记录设置选项卡，只有设置了数据记录才会在趋势曲线中显示，变化 0.1℃ 产生一条记录。用类似的方法定义后轴承变量。

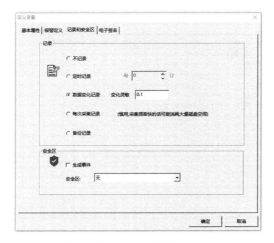

（5）设置画面并连接动画

创建画面过程点击系统，点击画面在右侧双击新建，弹出画面属性对话框，为画面起个名字，设置适合的高度和宽度，点击确定完成画面创建。

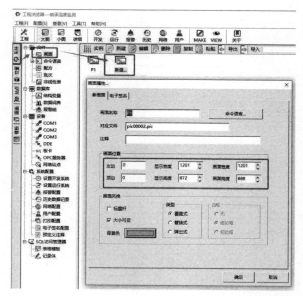

　　打开的画面相当于一张白纸，工具箱相当于笔、墨，在这张纸上绘制需要的画面。文字的大小可以通过拖动箭头确定。

　　编辑要显示的文字，前轴承温度及后轴承温度这种在运行中不变化的文字为静态文本，输入 ## 用于动态连接变量显示温度值。

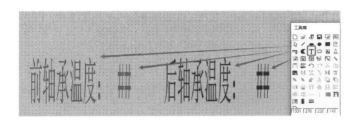

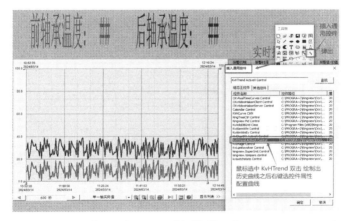

从工具箱选择通用控件找到 KvHTrend，选中双击或点确定，绘制趋势曲线控件。右键控制选择控件属性，弹出右边曲线配置属性对话框，配置趋势曲线。

历史库可以选择的变量，如果创建变量时没

有选择记录变量，不会出现在这里，找到要在曲线呈现的变量，设置相关属性完成趋势曲线配置。

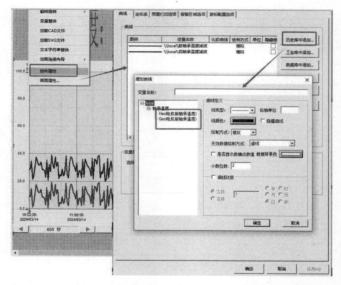

在历史趋势曲线上右键选控件属性，配置要显示的曲线变量。之后双击绘制的窗口，为窗口起个名字，选择作为实时窗口或历史窗口，特别注意：不起名字不会显示。点击报警窗口绘制两

个报警窗口，上面的作为实时报警，下面的作为
历史报警。

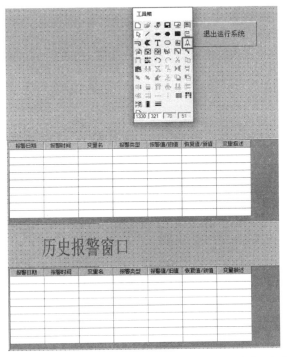

在工具箱单击报警窗口图标，绘制合适大小
的实时报警窗口和历史报警窗口。

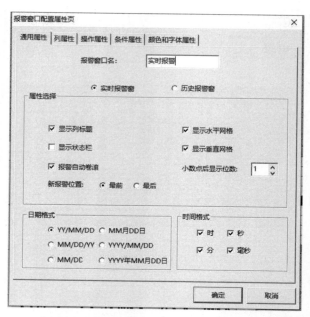

双击历史报警窗口做如下配置：放置一个退出运行的按钮，创建过程双击按钮，Exit() 括号中可以是 0：退出当前程序；1：关机；2：重新启动 windows。拖放一个按钮用于退出系统，配置动画连接，弹起时触发退出运行系统。

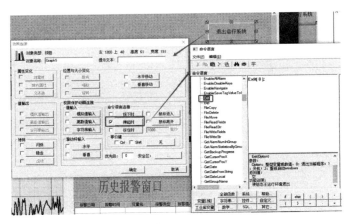

（6）设置运行系统

如果在调试阶段窗口外观菜单可以保留，真正运行时建议全部不勾选，防止其他人误操作。特殊选项卡可以设置禁止的功能，比如为了防止无关人员退出运行，就勾选禁止退出运行。

点击运行按钮，弹出运行系统设计对话框。

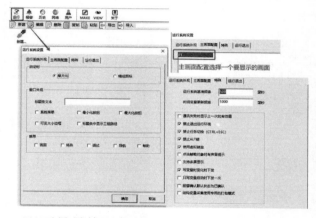

以下是最终运行的画面。

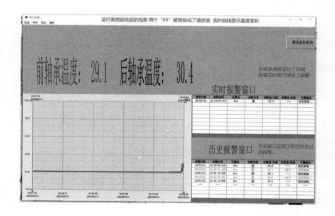

第四讲

应用单片机进行西林瓶
轧盖无塞检测

一、现状分析

西林瓶灌装之后在无菌环境下盖好胶塞，通过轨道传送到低级别的环境进行轧盖，由于传送轨道比较长并且可能存在温度差，偶尔会出现胶塞弹出的现象。无塞的西林瓶中药品就会被污染，一旦没有被发现进入轧盖工序，轧上铝盖包装出厂就会造成隐患。

二、岗位需求

为防止检测后胶塞弹起，需要在加铝盖的工序前 10cm 内完成检测判断，工作距离限制在 2~3cm。

三、检测原理

检测思路为：当瓶肩检测光纤被触发，如果正常有胶塞，肯定也是被触发的状态；如果没有胶塞，肯定不被触发。根据这个现象编写单片机程序，判断胶塞是否正常存在。

　　程序只在主循环判断即可，检测到无塞西林瓶，输出干接点，发送停止轧盖机信号，检测原理如图 4-1 所示。

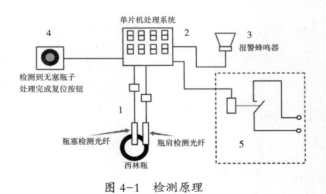

图 4-1　检测原理

四、工作过程

　　2 根光纤传感器从西林瓶顶部探测，调整光纤的信号强度及 2 根光纤的距离并固定，将信号强度调整为有瓶塞进入光纤下部时 2 根光纤都能检测到信号，当无塞西林瓶进入光纤下部时，后进入侧光纤刚好照射到瓶肩接收反射信号，先进入侧光纤刚好照射在瓶口内接收不到反射信号，如图 4-2、图 4-3 所示。

图 4-2　实际测试有塞　　　图 4-3　实际测试无塞

五、制作过程

光纤放大器为 DC24V 供电，输出电压也是 24V，因此需要光耦隔离，为了适应传感器 NPN 和 PNP 的差异，在设计线路板时光耦输入端设计了 3 个电阻，这样就可以根据现场的光纤放大器用 0Ω 电阻实现连接（图 4-4）。

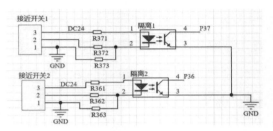

图 4-4　PNP NPN 可以通过组合电阻适应

　　图 4-5 是 PCB 3D 图，岗位只要求发现缺失瓶塞立即报警、发出停机信号，因此不再使用数码管显示。

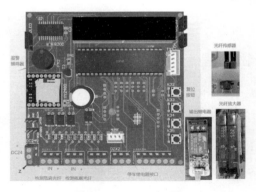

图 4-5　PCB 3D 图

　　由于只有逻辑判断，这个程序非常简单，下面是参考程序：

```
#include "Uart.H" //串口相关不断电自动下载
sbit beep= P4^1;//蜂鸣器
sbit pingjian=P3^7;//瓶肩
sbit stopper=P3^6; //瓶塞
sbit jdq=P0^5; //继电器输出
void  main (){
  P3M1=0,P3M0=0;
  while(1){
    if(!pingjian){//发现瓶肩就是有瓶子进入右侧光纤
     if(stopper){beep=0;jdq=0;}
    } //如果光纤没有检测到瓶塞,触发报警,输出停机信号
    while(!pingjian);//等待瓶肩穿过光纤

    if(!P32){//复位按键按下,清除蜂鸣器和继电器输出
       beep=1;jdq=1;//蜂鸣器消声,禁止信号输出
    }
  }
}
```

　　实际线路板如图4-6所示。

图4-6　实际线路板

后　记

作为一线职工，我秉承创新就在身边，哪里不安全，哪里效率低，哪里成本高，哪里就一定有需要提升改进的地方。从事自动化控制工作，需要做的就是不断学习新知识，掌握新技能。

31 年前我从技校毕业后来到华北制药成为一名高压检修电工，这个岗位是工厂变配电系统的第一个环节，属于 10kV 系统，之后才变为 380V、220V 常用电压等级。我在这个岗位所做的工作包括高压设备耐压试验、配电柜安装、继电保护校验。高压检修工作不但要掌握电工技能，还必须掌握锉、锯、钻孔、切割、电气焊等技能，我理解了所谓"一个电工半个钳工"的说法。

随着工作的拓展，我接触的生产设备越来越多，尤其是进口设备机、电、仪表与计算机结合得越来越紧密。为了适应工作需要，我学习自动化控制相关的知识，自学了PLC、触摸屏、DCS、SCADA、单片机等。

企业的自动化维护人员应对PLC、触摸屏、DCS等了解得比较多，更加了解单片机。运用单片机进行小改小革成本很低，开发周期很短。我个人认识单片机是在20多年前，那时喷干扫塔控制是以8031单片机为核心的控制系统，程序存储器还是紫外擦除的27系列，全部是双列直插的分立元件。当时生产要求统计每天的西林瓶用量，由于大家都不懂单片机，只能购买成品计数器，但是很难满足生产岗位不断提出的新需求。我认识到单片机应用的范围非常广泛，也就是那时起我决心学习单片机相关的知识，自己掌握核心技术，实现灵活运用。

现在网上关于 51 单片机和 STM32 单片机的资料非常多，但是 20 年前只能靠阅读图书参考，我参加成人高考，考入计算机应用专业学习了 4 年。那时书本讲的都是汇编语言，而且没有实验环境练习，所以我学习的效果并不理想，各种特殊寄存器的名字总也记不住，理解不了。在 2005 年有一台设备的控制器损坏，我拆开后发现就是 8031 单片机，逻辑关系很简单，就想以此为突破口设计制作一套系统替换原来的系统。

当时还没有学习 PCB 设计，我就使用洞洞板手工搭建焊接，使用汇编语言编写程序，投入使用后很稳定，但是扩展比较困难，也容易发生断线故障，这是我学习 PCB 的原因和动力。从手工的洞洞板搭建到运用 Protel、Altium Designer 绘制 SCH 生成 PCB，逐步对 PCB 进行迭代改进，只要坚持就会不断进步（附图 1 至附图 3）。

附图 1 第一个纯手工搭建焊接的单片机作品

附图 2 第一次绘制的定制 PCB 线路板

附图 3 逐步改进迭代设计的 PCB

有人纠结初学者学习单片机是选择 51 还是 STM32。大部分人都是从 51 单片机入门的，51 单片机出现得早，应用比较广泛，能查询的资料非常多。如今 51 单片机在国内被宏晶 STC 发扬光大，受到各大高校推崇，51 单片机相对于 STM32 而言是鼻祖，而 STM32 是大有所为的后起之秀，它们各有所长。

我会继续做好本职工作，带领团队创新创效，结合自身成长经历，发挥示范引领作用，让更多年轻人技能成才、技能报国，让学知识练技能融入日常、化作经常。

2024 年 3 月

图书在版编目（CIP）数据

齐名工作法：应用STC单片机 / 齐名著. -- 北京：
中国工人出版社，2024.7. -- ISBN 978-7-5008-8477-4

Ⅰ. TP368.1

中国国家版本馆CIP数据核字第20244QU484号

齐名工作法：应用STC单片机

出 版 人	董 宽	
责 任 编 辑	魏 可	
责 任 校 对	张 彦	
责 任 印 制	栾征宇	
出 版 发 行	中国工人出版社	
地　　　址	北京市东城区鼓楼外大街45号　邮编：100120	
网　　　址	http://www.wp-china.com	
电　　　话	（010）62005043（总编室）	
	（010）62005039（印制管理中心）	
	（010）62379038（职工教育编辑室）	
发 行 热 线	（010）82029051　62383056	
经　　　销	各地书店	
印　　　刷	北京市密东印刷有限公司	
开　　　本	787毫米×1092毫米　1/32	
印　　　张	4.375	
字　　　数	52千字	
版　　　次	2024年10月第1版　2024年10月第1次印刷	
定　　　价	28.00元	

优秀技术工人百工百法丛书

第一辑　机械冶金建材卷

郭玉明工作法
复吹转炉底吹的精准维护

金国平工作法
炼钢连铸设备智能化的运维与改善

李兵工作法
汽车发动机故障诊断与维修

李凯军工作法
压铸模具制造

林学斌工作法
连铸电气设备的点检

刘伯鸣工作法
带直段锥体的锻造与成形

刘更生工作法
京作硬木家具制作水磨、烫蜡技艺

潘从明工作法
萃取设备的设计与制造

裴永斌工作法
弹性油箱全自动数控加工技术

邵志村工作法
铜精矿火法的双闪冶炼

王树军工作法
设备的养护与修理

王万松工作法
热轧带钢板形的控制

温广勇工作法
玻璃纤维拉丝设备的维修与优化

文寨军工作法
低热硅酸盐水泥的制备及应用

徐成东工作法
肉眼秒判奥斯麦特炉渣含铅品位

郑久强工作法
转炉炼钢炉型的控制与操作

优秀技术工人百工百法丛书

第二辑 海员建设卷